時間生物学の基礎

富岡憲治・沼田英治・井上愼一
共著

裳　華　房

An Introduction to Chronobiology

by

KENJI TOMIOKA, DR. SCI.

HIDEHARU NUMATA, DR. SCI.

SHIN-ICHI T. INOUYE, DR. SCI.

SHOKABO

TOKYO

はじめに

時間生物学は20世紀の半ばごろから発展してきた若い学問分野である．その主要なテーマは，昼夜や季節に代表される環境サイクルへ生物がどのように適応しているのかを解明することにある．黎明期には，野外の生物がどのような日周的な生活をしているのかを詳細に調べる生態学的な研究が進められた．それらの研究の結果，多くの生物の環境サイクル下での生活リズムが，環境への直接反応によるものではなく，生物自身がもつ自律振動（体内時計）によってつくられるものであることが明らかにされた．その後，それらを制御する体内時計の生理学的研究が盛んに行われ，体内時計がどのように生活リズムを制御するところにかかわるのかが，いろいろの生物で解明されてきた．さらに，数種の動物においては，体内時計の所在も明らかにされた．

分子生物学の発展は時間生物学にも大きな進展をもたらした．1970年代に初めて生物時計を制御する時計遺伝子がショウジョウバエで発見され，続いて1980年代に入るとその遺伝子がクローニングされ，その発現機構が解析されるようになった．1990年代にはショウジョウバエ以外の生物でも時計遺伝子が次々と発見され，時計の振動機構が次第に明らかにされてきている．最近の分子レベルの研究の急展開は，振動機構そのものが解明される日の近いことを予感させる．さらに，この種の研究は，生物時計に関係したいろいろの問題を分子レベルで説明しようとする方向へと進展するであろうし，それを目指す研究者や学生もますます増えるだろう．

時間生物学はすでに医療や農業などに大きな貢献をしてきたが，21世紀の人類社会ではこれまで以上に大きな貢献が期待されている．人間活動のグローバル化によって，いまや先進国では社会は24時間眠ることなく躍動している．我々も，スイッチさえ入れれば24時間いつでもテレビ番組を見ることができるし，パソコンのインターネット通信には時間的制限はない．このような一日の時間がまさに崩壊しつつある現代，体内時計の不調による病的症例も増加しているといわれている．たとえば，昼夜交代制勤務を余儀なくされている人々や長距離飛行をするパイロットやキャビンアテンダントはしばしば不眠を訴えているし，睡眠時間帯が異常になり社会生活に支障をきたす症例もある．このような症状の改善や治療には，時間生物学的基盤が不可欠であるし，現代人間社会における時間的秩序の構築にも時間生物学的な面からの再考が必要であろう．

これらの諸問題を扱おうとするとき，これまでに蓄積されてきた時間生物学の基礎知識は大きな武器となるであろう．本書では，時間生物学の基礎となる重要な情報をできる限りわかりやすくまとめようと試みた．著者はいずれも動物が専門であり，植物や菌類など動物以外に関しては充分に取り扱えていない面があることは否めないが，体内時計の性質は生物種を越えて共通の面が多く，したがって，本書はそれらのリズムを理解するうえでも助けになるであろう．

この本を著すにあたって，秋山 貞（岡山大学），酒井正樹（岡山大学），志賀向子（大阪市立大学），竹田真木生（神戸大学），樽井 裕（大阪市立大学），松本 顕（九州大学），三上直也（気象大学校），宮川 勇（山口大学），森田明広（大阪市立大学），山岸 宏（筑波大学），吉岡英二（神戸山手大学）の各氏から，貴重なご意見をいただいたり，原図を提供していただいた．記して，謝意を表する次第である．また，裳華房の小島敏照さんには，原稿の草案の段階からお世話になった．氏の忍耐と辛抱強い励ましがなければ，出版に漕ぎ着けるのは困難であったと思う．ここに改めて深く御礼を申し上げる．

2003年8月

著者一同

目　　次

第Ⅰ部　時間生物学と生物の周期性

第II部　さまざまな生物リズム

第5章　ウルトラディアンリズム

第6章　概日リズム

第7章　潮汐リズムとインフラディアンリズム

第8章　光周性と概年リズム

第 III 部　生物時計のメカニズム

第 9 章　生物時計の神経機構

第 10 章　概日時計の分子機構

第 IV 部　時間生物学と生物，ヒトの暮らし

第 11 章　周期性の適応的意義

第 12 章　ヒトの生活への応用

スポットライト

第 I 部

時間生物学と生物の周期性

天が下のすべての事には季節があり,
すべてのわざには時がある.

伝道者の書　3章1節

第1章 時間生物学とは：時間軸からみた生命現象

すべての生命現象は時間の流れの中で生じている．生命現象を時間の切り口でとらえようとするのが時間生物学である．生命現象の中には，地球の自転による昼夜や公転による季節に代表される環境の周期性と密接に結びついた周期現象と，発生や加齢のように必ずしも周期的には起こらず，むしろ一方向に進むように思われる現象とがある．時間生物学で扱う中心的課題は前者であるが，後者も含めて，まず，時間という切り口から眺めた生物学の課題をいくつか概観してみよう．

1・1 周期現象

生命現象には，くり返し生ずる周期的なものがしばしば観察される．これらの周期性には日，月，年といった環境サイクルに対応したものや，それらとは独立に生物が独自の周期性を発達させてきたものがある．周期性のもつ生物学的意味や，周期性の現れる機構の解明は，時間生物学の最重要課題の一つである．

1・1・1 環境サイクルに適応した周期性

生物は環境サイクルに対応した周期性をいろいろな生理現象の中に示すが，それらの多くは環境への適応として獲得され，環境の変化を予測する重要なはたらきをもつと考えられている．たとえば，約1日の**概日リズム**(circadian rhythm)，約12.4時間で生ずる**概潮汐リズム**(circatidal rhythm)，約30日周期の**概月リズム**（circalunar rhythm)，約1年の**概年リズム**(circannual rhythm）などである．本書では，これらの周期性の性質やそれを制御する生理・分子機構などをとくに詳しく扱う．

1・1・2 細胞周期と世代時間

細胞分裂は最も基本的な周期現象の一つである．その周期は約50年前に4つに分けられ，それぞれ間隙1（G1），DNA合成期（S），間隙2（G2），分裂期（M）と呼ばれる．S期にDNAが合成され，M期には核分裂に引き続き細胞分裂が生ずる．M期とS期との間とS期とM期との間は見かけ上静止しているかのようであったので間隙と呼ばれたが，実は空白ではなく，酵母の芽の成長，植物の葉緑体複製やある種の酵素の発現など，多くの特徴ある現象が生じていることがわかってきた（図1・1）．**細胞分裂周期**は条件にもよるが，酵母や鞭毛虫で2〜3時間，哺乳類の培養細胞で15〜20時間であり，ある種の測時現象とみることができる．この周期がどのようにして制御されているかについてはいくつかのモデルが提唱されている．詳しくはEdmunds（1988）を参照のこと．

一方で，細胞分裂が**概日時計**の支配を受けていることも知られている．たとえば，明暗サイクルに同調されたミドリムシ（*Euglena*）では夜の間に活発に分裂し，明期にはほとんど分裂しない．これは，概日時計により夜間に

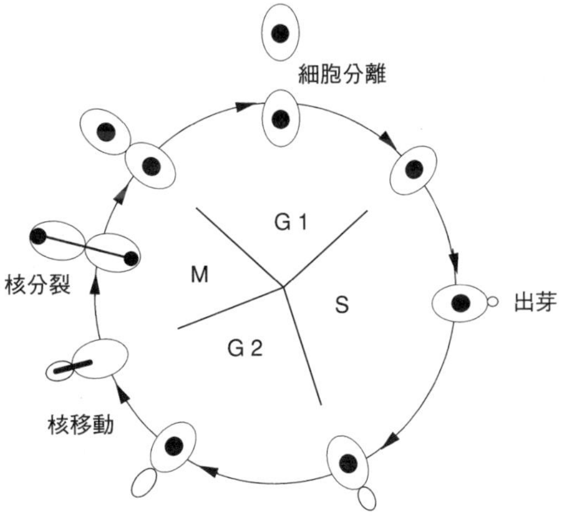

図1・1 酵母（*Saccharomyces cerevisiae*）の分裂周期
Hartwellら(1974)より改変

のみ分裂を可能にする条件が整えられるためであると説明されている（Edmunds，1988）．3・3 節で詳しく説明するが，このような概日時計によって設定された，その生理的現象が許される時間帯は**ゲート**（gate）と呼ばれている．

生物の**世代交代**も一種のサイクルである．一つの世代が受精卵から発生し，成長し，やがて次の世代にその生命を託す．生物によってこの長さは異なり，細菌のように数分ないし数日のものから，ゾウやクジラのように十年以上を要するものまである．この世代交代も何百何千世代とくり返されている周期現象である．

1・2　発生・加齢・老化：一方向への時間の流れ

生命現象の中には時間の経過と共に進行し，再び後へは戻れない現象がある．**発生**，**加齢**，**老化**などはその顕著な例である．受精卵の卵割，各組織への分化などは詳細に研究されており，その時間経過が克明に記載されている．とくに初期発生では，一連の細胞分化の順序と発生の速度が形態形成に重要な役割を演ずる．細胞分化の順序のエラーはその後の形態形成に甚大な影響を及ぼす．初期発生には時間に依存した一連の特徴的な現象が知られている．たとえば，卵割のはじめの部分は卵形成時に取り込まれたタンパク質やメッセンジャー RNA（mRNA）などの母性因子によって制御されているが，数サイクルの細胞分裂の後には胚自身の遺伝子が発現するようになる．この母性因子から胚自身の遺伝子発現への切り替わりは正確に決まったタイミングで起こり，そこには細胞周期をカウントするタイマーが関与することが示唆されている（石田と佐藤，1998）．

加齢と老化についても詳しい解析がなされている．真核生物はいずれも時と共に老化し，やがて死に至る．このような生物体の中での時の流れは，ごく自然に起こり，ごく自然に寿命を迎えるように思われるが，これにも個体の中の固有の時間の流れを制御するメカニズムがあることが示されつつあ

スポットライト 1

周期ゼミはどうやって時間を知るのか？

図　ジュウシチネンゼミ
（竹田真木生氏撮影）

世代交代についてきわめて興味深いのは，北米大陸に生息する周期ゼミ（*Magicicada* 属）である．これには，17 年周期と 13 年周期で現れるものがそれぞれ 3 種類いる．写真は，ミズーリ州でのジュウシチネンゼミ（*Magicicada septendecim*）とジュウサンネンゼミ（*M. tridecim*）の 221 年ぶりの同時発生の様子である．これらの発生のサイクルにはほとんど誤差がなく，地中での幼虫生活を過ごした後，きっかりと 17 年目あるいは 13 年目に地上に這い出してきて成虫になる．この期間をどのようにして測っているのか，ようやく最近になって少しわかってきた．これらの昆虫は植物の季節周期を計数していることが Karban ら（2000）によって報告された．セミの幼虫は植物の根から樹液を吸って成長するが，樹液中の栄養分の量は季節によって変わる．試しに幼虫が寄生しているモモの木に 2 度実を実らせてみたところ，セミは通常よりも早く成虫になることがわかったというのである．

る．早期老化症はそのことを示す端的な例である．まだ不明な点も多いが，ウエルナー症候群では思春期を過ぎるころから発症し，通常の 2 倍くらいの速度で老化が進む．この老化は染色体のテロメアの長さが短縮してしまうことに一つの原因があるといわれている（後藤と古市，1998）．テロメアは DNA の末端にあって TTAGGG のくり返し構造からなる．通常の細胞でも DNA の複製のたびに短くなってゆき，その結果染色体を不安定にし，それが老化現象の原因の一つと考えられている．ウエルナー症候群の患者は，染色体複製に関与する遺伝子の一部に欠損があり，テロメアの複製がうまくできなくなり，テロメアの短縮が生じて，老化が促進されると説明されている．しかし，細胞分裂に伴うテロメアの短縮だけで老化が説明できるわけではない．たとえば，脳の神経細胞のようにほとんど分裂しない細胞でも，やがて時が来れば老化してゆくのである．

とにかく，老化や加齢のような不可逆な時の流れも，すべての物理現象が時間軸の上で起こるために，時の流れと共に進行するというような単純なものではなく，その時の流れを制御するしくみがあることは，これらの事例から明らかであろう．

1・3　生理学的時間：サイズに依存した時間の流れ

生物の時間にはサイズに依存したものがある．たとえば代謝の速度がそれである．図1・2は，動物の代謝率（単位時間当たりのエネルギー消費量）

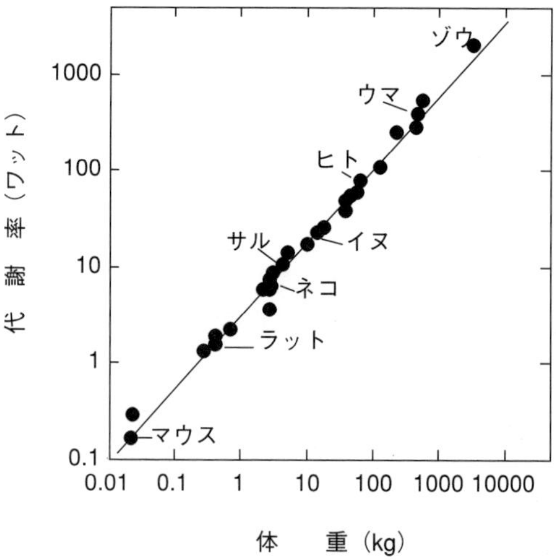

図1・2　各種哺乳類での体重と代謝率との関係
Benedict（1938）より改変

を体重に対してプロットしたものである．大小さまざまな哺乳類の代謝率が，両対数目盛のグラフ上できれいに直線上に載ってしまう．この図から明らかなように，単位時間当たりのエネルギー消費量は体重（言い換えれば体の大きさ）が大きいほど多いが，体重 1 kg 当たりの代謝率（固有代謝率という：単位は kcal/日/kg）は逆に体重が重いものほど小さくなる．その関係は，固有代謝率を P^*_{met} とし，体重を M_{b}（単位は kg）とすれば，$P^*_{\mathrm{met}} = 70\,M_{\mathrm{b}}^{-0.25}$ で表される．速度は時間の逆数であるから，**代謝時間**（あるいは**生理学的時間**：t_{met}）は次の式で表される．

$$t_{\mathrm{met}} = \frac{1}{70}\,M_{\mathrm{b}}^{0.25}$$

したがって，生理学的時間は体重に依存して変わり，それは体重の約 1/4 乗に比例して長くなることになる．この意味で生理学的時間は明らかに相対的なものであり，同じ物理的時間が生物種によってずいぶんと違った意味をもつ．たとえば，体重 10 g のネズミにとっての物理的 1 日は，体重 100 トン（10^8 g）のシロナガスクジラの約 2 カ月に相当することになる．エネルギー代謝を制御する体重に依存したこの時間の流れは，これに関係した心拍，呼吸さらには寿命にまで影響を及ぼすと K. Schmidt-Nielsen（1984）はその著書『スケーリング：動物設計論』の中で述べている．しかし，このような身体のサイズが生理学的時間に影響を及ぼすそのしくみについては明らかではない．

1・4　学会と学術雑誌

時間生物学の中でも特に周期性にかかわる研究を推進するために，国内外に専門家からなる学会が設立されている．国内では，「日本時間生物学会」がある．この学会は，基礎系の研究が中心であった「生物リズム研究会」と，医学系の研究を中心とする「臨床時間生物学会」が合併することによって，1995 年に設立されたこの分野の主導的学会である．国内にはもう一つ，

図1･3　時間生物学分野の研究を掲載している学術雑誌

生物と気象との関係を扱う「日本生気象学会」があり，ここでも時間生物学の課題が扱われている．いずれも年一回の大会を開催し，研究成果が報告されている．国外では，「国際時間生物学会 (International Society for Chronobiology)」と「生物リズム学会 (Society for Research on Biological Rhythms)」が最も大きな組織である．生物リズム学会は隔年で，フロリダのリゾート地アメリア諸島で国際会議を開催しており，国際時間生物学会は4年ごとに世界各地で国際会議を開催している．

この分野の研究を中心に掲載する学術雑誌も刊行されている．米国の生物リズム学会によって出版されている『Journal of Biological Rhythms』，ヨーロッパ時間生物学会が出版している『Biological Rhythm Research』，国際時間生物学会の出版する『Chronobiology International』などである(図1・3)．これら以外にも，『Cell』，『Nature』，『Science』，『The Proceedings of National Academy of Science of the United States of America』をはじめとする多くの専門誌にも時間生物学の研究論文が頻繁に掲載されている．わが国ではまだ専門の論文を掲載するこの分野の学術雑誌は出版されていないが，日本時間生物学会から総説や年次大会の研究発表要旨などを掲載した学会誌『時間生物学』が出版されている．

第2章 環境サイクル

生物は環境の時間的変化に見事に適応した生活を送っている．この適応は，生物が環境の時間的変化を予測し，それに適した生理的状態をあらかじめ準備することによってのみ可能となる．ここで，その予測可能な環境の時間的変化をあげてみよう．これらの大部分は地球の地軸を中心とした自転と，太陽の周りを回る公転，さらに地球の周りを回転運動する月の公転によってもたらされる．

2・1 日周期

地球は地軸を中心として自転しており，これが一日のサイクルをつくりだしている．地球の自転速度は平均すると24時間4分であるが，これは一定ではなく，太陽との距離によって異なり，太陽に近づくと速くなり，離れると遅くなる．最も速くなるのは11月3日ごろであり，平均よりも16分短い．このように，正確にみればいくぶん周期は変化するが，地球上に生息する生物にとってはこの24時間の周期は充分に正確であり，したがって最も重要な環境サイクルであることに間違いない．この地球の自転に伴い，多くの環境因子が日周的に変化する．照度，温度と湿度は**日周変動**する3つの大きな要素である．**図2・1**に示すように，照度は夜間にはわずか0.01ルーメン/ft^2以下であるが，夜明けとともに急激に増加し，日中には野外の太陽の直射日光は1万ルーメン/ft^2にも達する．温度も同様に，夜明け前に最も低下しているが，日の出とともに上昇し，午後2時ごろに最も高くなる．湿度は明け方に最も高くなり，やがて徐々に低下する．これらの日周変動は天候によって大きく左右される．曇りや雨の日には照度はそれほど高くはならないし，温度や湿度もほとんど変化しない場合がある．しかし，照度は日中に

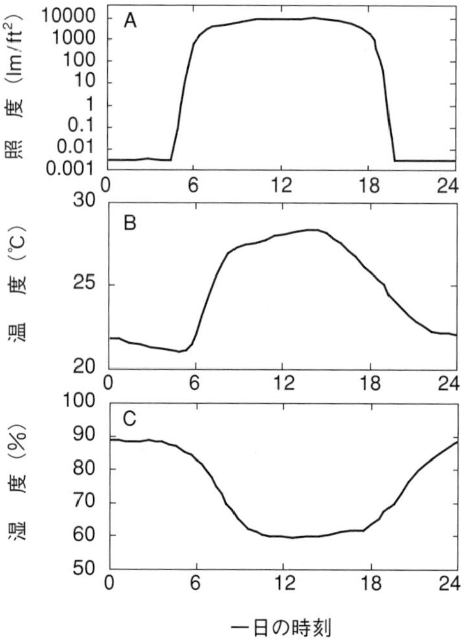

図2•1　環境の日周変動
Tychsen と Fletcher (1971) より改変

は曇りといえども夜間に比べると数万倍は変化する．したがって，光は温度や湿度に比べると格段に信頼性の高い環境サイクルの指標となる．

2・2　季　節

地球は太陽の周りを1年の周期で公転している．**図2・2A** に示すように，地球の自転軸は約23.4度傾いているために，太陽に面する部分は**季節**によって変化する．すなわち，地球から眺めると，夏至（6月21日ころ）には太陽は天空の最も北よりに位置し，逆に冬至（12月22日ころ）には最も南よりとなる．春分（3月20〜21日）と秋分（9月23日）の一年に2度，太陽は南から北へ，または北から南へと赤道を横切る．

このような太陽と地球との関係によって生ずる最も重要な結果は，季節による**日長**の変化である．春分と秋分には地球上のすべての場所で夜と昼の長

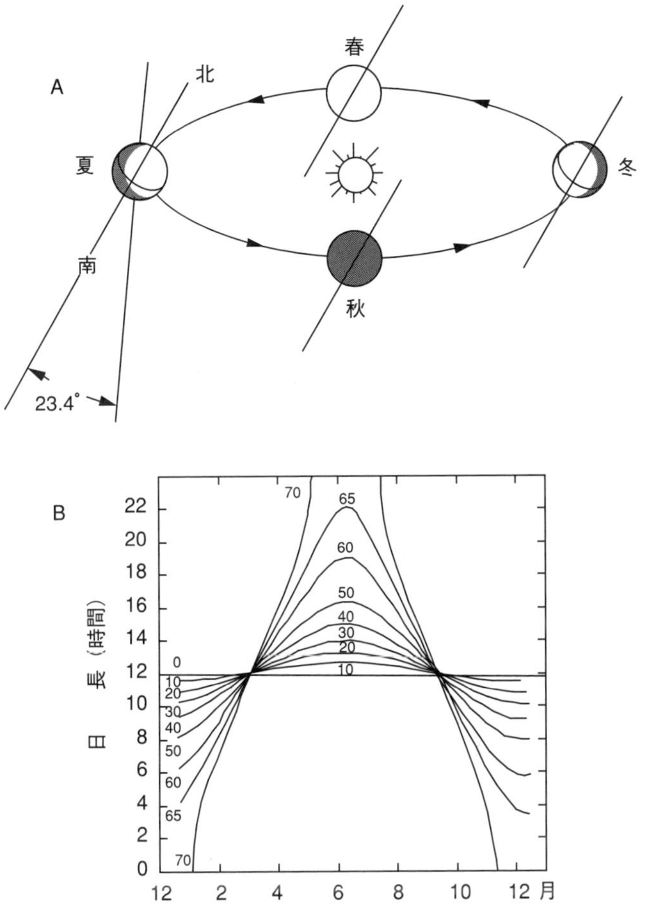

図 2・2　地球の公転に伴う日長の季節変化
地球の自転軸は公転軸に対して 23.4 度傾いている (A).
北半球では夏には日長が長くなり，冬には短くなるが，
その変化の度合いは高緯度地方ほど大きい (B). 図 B
中の数字は緯度を示す.

さは同じ 12 時間：12 時間である．しかし，北半球では秋分後には昼は徐々に短くなりやがて冬至を迎え，その後は逆に徐々に長くなる．そして春分を迎え，夏至にいたり，今度は再び日長は短くなっていく．一方，日長それ自

体は緯度に依存しており，緯度が高いほど季節による変化は大きくなる（**図2・2B**）．北緯あるいは南緯70度を超えるいわゆる北極圏，南極圏では，夏には一日中太陽が沈まない“白夜”となる．

日の出前や日の入り後にもしばらくは空の明るい状態が続く．このような状態は薄明と呼ばれる．太陽の上端が地平線から地平線下6度にある間を常用薄明（civil twilight）といい，地平線下6度から18度にある間を天文薄明（astronomical twilight）という．太陽高度が地平線下6度になると肉眼で1等星が見えるようになり，さらに18度では肉眼で見える最もかすかな明るさの6等星が見えるようになる．生物がどの明るさまでを夜明けや日暮れと認識するのかは，その生物のもつ光受容器の感度に深く依存している．したがって，日長を指標にした季節変化のとらえかたも，その生物のもつ光受容器の感度によって大きく影響されることが考えられる．

この季節的変化は温度にも現れ，冬季の気温は短い日長と太陽光の入射角度が低くなることにより夏季に比べてずっと低くなる．しかし，年によって温度にはかなりばらつきがある．一方，日長は地球の公転によってのみ決まるものであり，温度に比べて非常に正確な季節の指標となる．したがって，多くの生物が日長を使って季節に適応している．これらについては第8章で詳しく扱うことにする．

2・3 月周期と潮汐周期

月は地球の周りを約29.5日の周期（**月周期**）で公転している．月の自転の周期は公転と同じなので，月はいつでも同じ面を地球に向けている．この月と地球と太陽との位置関係により，地球上にはより複雑な周期現象がもたらされている．まず，月の満ち欠けである．**図2・3A**に示すように，月が地球と太陽との間に位置する場合，新月となる．それから約1週間後には半月となり，さらに1週間後には満月，その後半月を経て再び新月になる．満月での照度はせいぜい0.7ルクス程度ではあるが，星明りに比べれば格段に

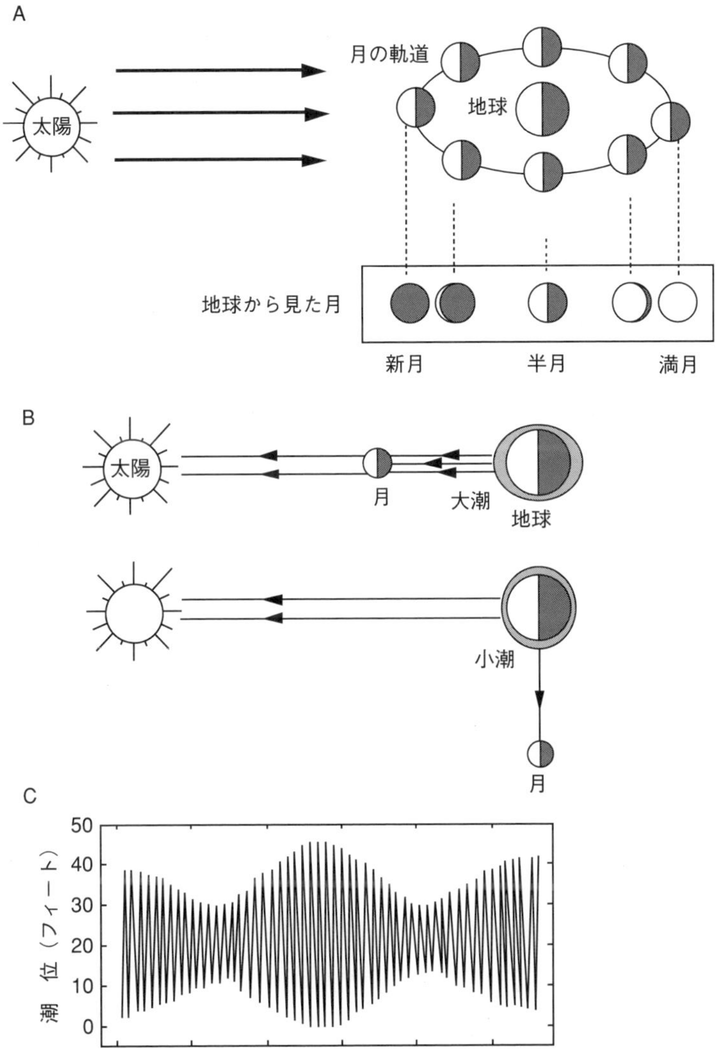

図2・3　月の満ち欠け（A）と潮汐周期（B, C）

明るい．後で述べるが，この月の明るさを頼りに時を測る生物もいる（7・2節参照）．

月の公転と地球の自転との関係により，月は毎日少しずつ遅い時刻に昇る．この月の現れる周期は約24.8時間であり，**太陰日**（lunar day）と呼ばれている．月の運動のもたらす最も重要な影響は**潮汐周期**（tidal periodicity）である（**図2・3B,C**）．月に面した側とその反対側の海水面は月の引力によりもち上げられることになる．すなわち満潮（high tide）である．一方，それと90度の位置にある海水面は，潮位が下がって干潮（low tide）となる．地球の自転に伴い，満潮・干潮は1太陰日に2度，約12.4時間間隔で起こる．この1日に2回潮汐がみられるという基本パターンは，大西洋岸やインド洋岸の多くの部分でみられる．一方，地形や海流の影響で，異なるパターンを示すことがある．メキシコ湾岸や東南アジアでは，潮汐は1日に1回しか起こらず，その周期は24.8時間である．日本では，基本的には1日2回潮汐がみられるが，干満の差の小さい小潮時には1日1回のパターンとなる．また，求心力・遠心力の影響が潮位変化に現れるまでに時間がかかるため，満潮になるのは太平洋岸では月が南中する（南の空の一番高い位置に来る）時刻からおよそ7時間後になり，満月や新月の日には満潮は朝と夕方にみられる．そして，狭い海峡によって外海と隔てられている瀬戸内海では，求心力・遠心力の影響が潮位変化に現れるのはさらに遅れるため，満潮は太平洋岸よりもおよそ5時間遅くなり，ちょうど月が南中する時刻の前後に満潮になる．したがって，満月や新月の日に満潮は正午と真夜中前後になる．太陽もこの潮汐周期に関係しており，月と同じ方向に位置した場合には**大潮**（spring tide）となり，90度の方向に位置した場合は**小潮**（neap tide）となる（**図2・3B**）．大潮の周期は月周期の約半分の14.8日である．

このような日，月，年などの変化が生じないのは，地中深い洞窟の中や，深海などのわずかな場所に限られている．そのような場所では光が届かず，温度も一日，一年を通して比較的安定している．そのような場所にすむ生物がリズムをもつかどうかは，以前から研究者の興味をひきつけている．

2・4　生物的環境サイクル

環境には生物的因子も存在することに注意する必要がある．地球上のどの一点をとってみても，そこに生息する多種多様な生物が複雑な生態系をつくりあげている．そのような生態系の中では，ある生物にとっては他の生物はすべて環境ととらえることができる．環境サイクルに同調してくり広げられる生命活動が，生物的環境サイクルをつくっている．たとえば，太陽光は日中地球に降り注ぐほとんど唯一の外来エネルギーであるが，植物は光合成によってこのエネルギーを有機物に固定すると共に，二酸化炭素を吸収し，酸素を放出している．また，森の木々は春から夏にかけて豊かな緑を繁茂させ，多種多様な動物をはぐくむが，冬にはその多くが葉を落とし，ひっそりとした冬枯れのたたずまいをみせる．生物はこのような無機的・有機的環境サイクルにうまく適応して生きている．したがって，環境を生物も含めたより広い観点からとらえることにも充分な注意を払うことが必要である．

スポットライト 2

地球の自転の周期

地球の公転速度は太古の昔からずっと一定であるのに対し，自転速度は次第に低下していると推察されている．これはおそらく潮汐によるエネルギーの損失が原因であると考えられている．減速といっても 10 万年に 2 秒程度のことであるが，それでも 6 億年前のカンブリア紀の初めには地球の自転の周期は 21 時間であり，一年は 420 日あったことになる．サンゴの化石にその証拠があるという．サンゴはその骨格の分泌に日周リズムをもっており，それは日中に多く，夜間に低下する炭酸カルシウムの取り込みと関係している．Wells（1963）によると，デボン紀中期のサンゴの化石は一年が 385 日から 410 日であったことを示しているという．

第3章
生物の周期性とその性質

地球上に生息する生物は，第2章で述べたようないろいろな環境サイクルのもとで生活している．生物の示す周期性の多くはこれらに対応したものであるが，それ以外にもいろいろな周期性があり，ミリ秒から年のオーダーまで広い範囲にわたって分布する．本章では，これら生物の示すいろいろな長さの周期性を概観し，それらに共通する特性を概述する．

3・1　生物の示す周期性

図3・1は生物の示す周期性を周期の長さを尺度にしてまとめたものである．時間生物学の分野ではこれらの周期現象を約1日を基準として，それに近いものを**概日リズム（サーカディアンリズム**，circadian rhythm），それより短いものを**ウルトラディアンリズム**（ultradian rhythm），それより長いものを**インフラディアンリズム**（infradian rhythm）と呼んでいる．

ウルトラディアンリズムの中でも最も短いものは，ニューロンの自発放電リズムであろう．たとえば**図3・2A**はタバコスズメガ（*Manduca sexta*）の脳の神経分泌ニューロンの自発放電を示したものであるが，インパルス（活動電位）は約1ヘルツ（1 Hz：Hzは1秒あたりの振動数）でほぼ規則正しく発生している．心拍や呼吸もこの例で，ヒトではそれぞれ約1ヘルツ，約0.25ヘルツの周期でかなり規則正しくくり返される．さらにヒトの睡眠にはほぼ90分のサイクルでくり返される周期性があることが知られている（Kleitman，1963）．約1時間周期のリズムについては，**サーカホラリアンリズム**（circahoralian rhythm）という用語が使われる場合がある（例えばBrodovsky，1992）．

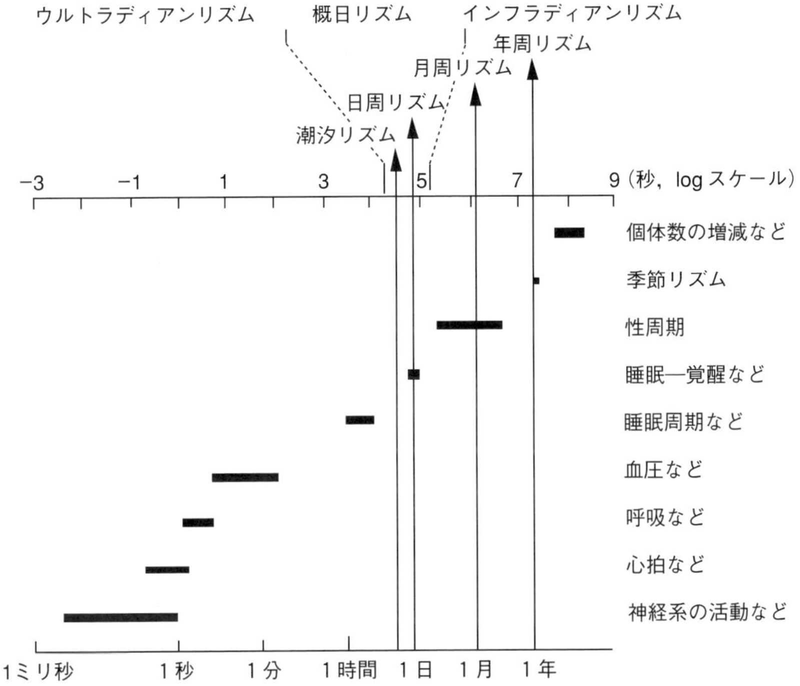

図3•1　生命現象にみられるいろいろな周期性

約24時間の範疇に入る周期性には，後で述べるように動物の活動のリズムや植物の就眠運動，光合成活性など多くの日周期現象がある．**図3・2B** には一例としてコオロギの複眼の感度のリズムを示す．さらに，潮の干満に関連した約24.8時間の周期現象（**潮汐リズム**）もこれに近いものである．

インフラディアンリズムにはいろいろなものが含まれる．ネズミ目動物の**性周期**（sexual cycle）は約4日間である．また，月の満ち欠けに対応した**月周リズム**（lunar rhythm，約30日周期）および**半月周リズム**（semilunar rhythm，約15日周期）がある．たとえばアカテガニ（*Sesarma haematocheir*）の雌は，満月と新月の満潮時に海岸に現れ，ゾエア幼生を放出することが知られている（**図3・2C**；三枝，1988）．1年の周期性（**年周リズム，**

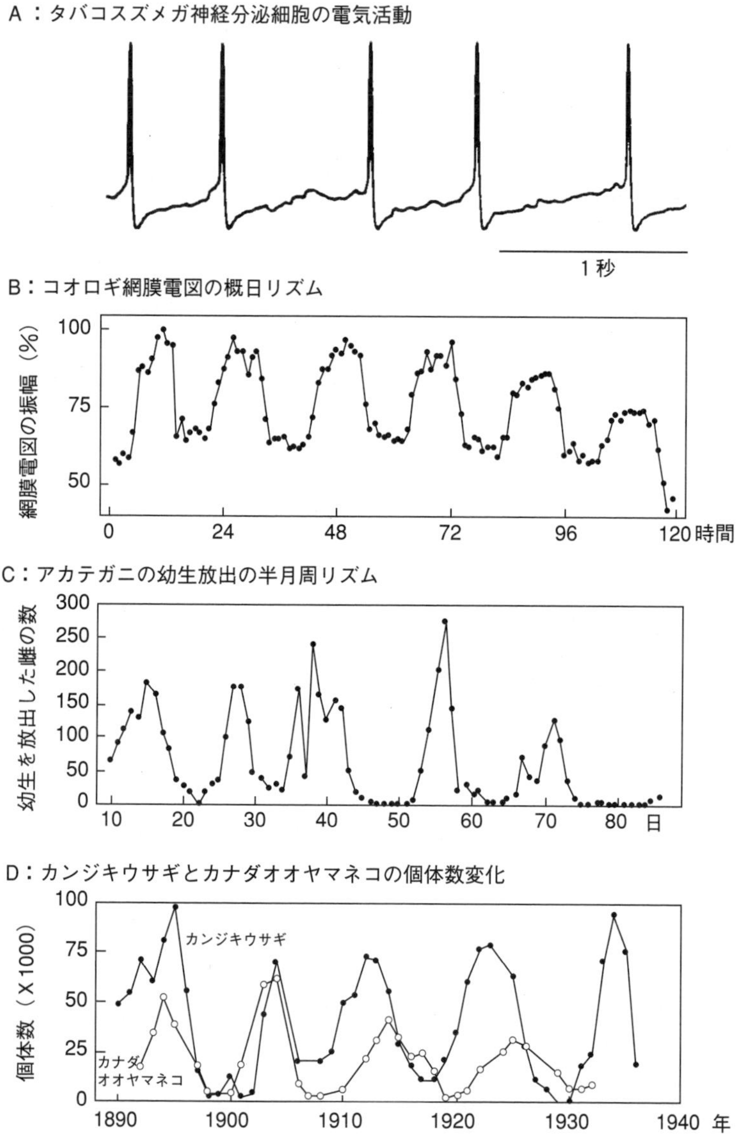

図3・2　生物リズムのいくつかの例

C は三枝（1988）より改変，D は MacLulich（1937）より改変

annual rhythm）を示すものもある．カモなどの冬鳥は，秋になるとシベリアなどから渡ってきて越冬し，春先になると再び北方への帰路に着く．このような渡りは年周リズムの一つである．

もっと長い数年サイクルにも及ぶリズムも報告されている．たとえば，カンジキウサギ（*Lepus americanus*）とカナダオオヤマネコ（*Lynx canadensi*）の個体数の変動がその例である（**図3・2D**；MacLulich，1937）．ウサギの個体数は約9〜10年周期で増加と減少をくり返している．一方それから数年遅れて，ほぼ同じ周期でオオヤマネコの個体数も増加と減少をくり返す．これが太陽の黒点の増減のサイクルと類似していることから，太陽活動が影響していると議論されたこともあったが，現在では，被捕食者であるウサギと捕食者であるオオヤマネコとの関係で生ずる一種のフィードバック的なものと説明されている．

3・2　ビート現象

生物の示すリズムにはしばしば**ビート**（beat）と呼ばれる現象が現れる．これは周期がわずかに異なる2つの振動が干渉し合って生ずるもので，音響でのうなりに類似している．**図3・3**に代表的なビートを示す．この図に示したカマドコオロギ（*Gryllodes sigillatus*）は，片側の視神経が切断された後，13時間明：13時間暗の明暗サイクル下に置かれている．活動が約9日周期で増減しつつ，しかも間欠的に現れている．ビート周期と背後の振動体の周期との関係は次の式で表される．

$$P_B = \frac{\tau_1 \times \tau_2}{\tau_1 - \tau_2}$$

P_B はビート周期，τ_1 と τ_2 はそれぞれの振動体の周期である．この図の個体のビート周期は9日，τ_1 の周期は光周期に等しいから26時間であるので，もう一つの振動体の周期 τ_2 は23.21時間と推定される．

ビートはこの例のように複数の概日時計の間でみられるばかりでなく，概

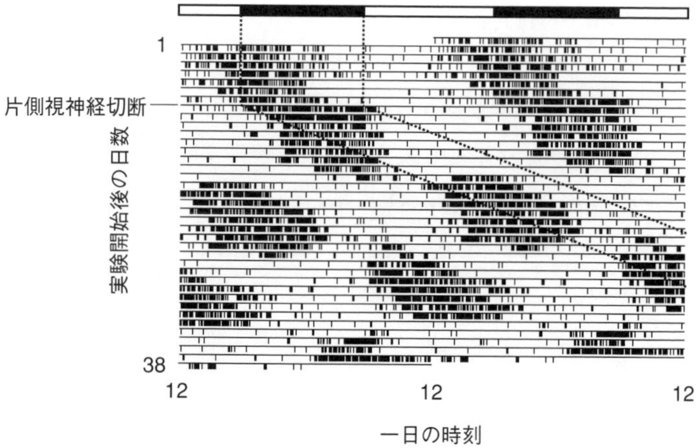

図3・3 カマドコオロギ活動リズムのビート現象 図中の黒の点線は暗期を示す.

日リズムと潮汐リズムのような異なった周期性の間でも知られている（7・2・4項参照).

3・3 集団のリズムと個体のリズム

生物の示すリズムには，集団としてみた場合にのみとらえられるものがある．たとえば，昆虫の羽化や脱皮である．キイロショウジョウバエ（*Drosophila melanogaster*）は明け方にそろって羽化することが知られているし，フタホシコオロギ（*Gryllus bimaculatus*）は夜の後半から明け方にそろって孵化することが知られている（図3・4；Tomioka ら，1991)．羽化やある齢から次の齢への脱皮は，一生に一度だけしか起こらない．したがって，一個体だけ観察したのでは，それが周期現象かどうかはわからないのであるが，いろいろな発生段階の入り混じった多数の個体からなる集団を観察した場合，毎日特定の時刻に羽化や脱皮が起こる周期現象であることがわかるのである．このような場合には，ある特定の時間帯に羽化や脱皮ができる**ゲート**（gate）が開き，そのときに充分発生が進んでいるものが羽化や脱皮を行

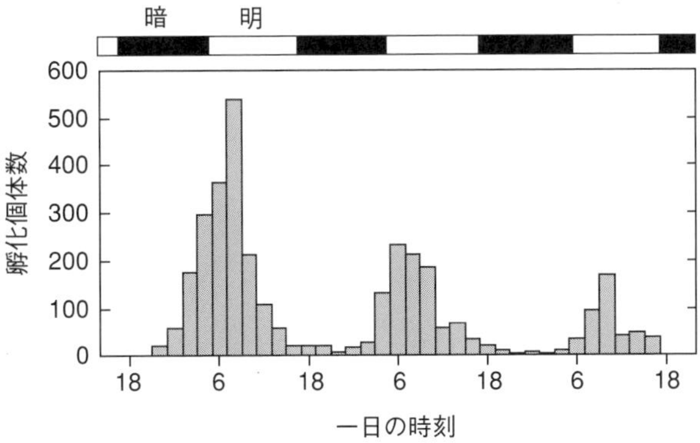

図3・4　フタホシコオロギ孵化の周期性　Tomioka ら（1991）より改変

うと考えられている．

個体レベルでとらえられる周期現象は最も明白であり，よく研究されている．たとえば，自発活動に現れるリズムや，ホルモン分泌量などのリズムである．これらを指標にすれば，一個体を連続的に観察し続けることで，周期現象をとらえることができる．

3・4　自律性リズム

これらのリズムは，環境変化によって直接引き起こされる**外因性**（exogenous）のものと，生物自身がもつ内的な測時機構（すなわち，体内時計 biological clock）による**内因性**（endogenous）のものに大別される．ある生物が示すリズムが外因性か内因性かを確かめるためには，一般にその生物をできる限り環境を一定にした，いわゆる**恒常条件**下において活動リズムを測定すればよい．その条件で現れなければ，何らかの環境因子によってリズムが生じていた外因性のものであり，恒常条件下でもそのリズムが引き続いて継続すれば，体内時計による内因性のものと結論できる．これまでに多くの生物で，上に述べたようなリズムが基本的には体内時計によって制御される内因性の**自律振動**（self-sustaining oscillation）であるが，環境因子によってその波形がある程度修飾されることが明らかになっている（Aschoff，1981）．

3・5　同調性と温度補償性

生物の自律振動の重要な性質を2つだけあげるとすれば，それらは**同調性**（entrainability）と**温度補償性**（temperature compensation）であろう．生物体内でつくられる自律振動は多くの場合環境サイクルへ同調し，環境サイクルと同じ周期で振動する．たとえば，アメリカモモンガ（*Glaucomys volans*）は，毎日日暮れから活動を始め，夜明けにねぐらへ帰る（**図3・5**；DeCoursey，1960）．この生活のリズムはモモンガの体内時計が夜昼の環境変化に同調することによってつくられている．潮汐リズムや月周リズム，年周リズムなどでも多くの場合同様のことがいえる．このような体内の自律振動が環境サイクルへ同調する現象を，**同調**あるいは**エントレインメント**（entrainment）と呼び，同調のために使われる光や温度などの環境因子を**同調因子**（Zeitgeber）と呼ぶ．これは環境の変化を予測するためにきわめて重要である．

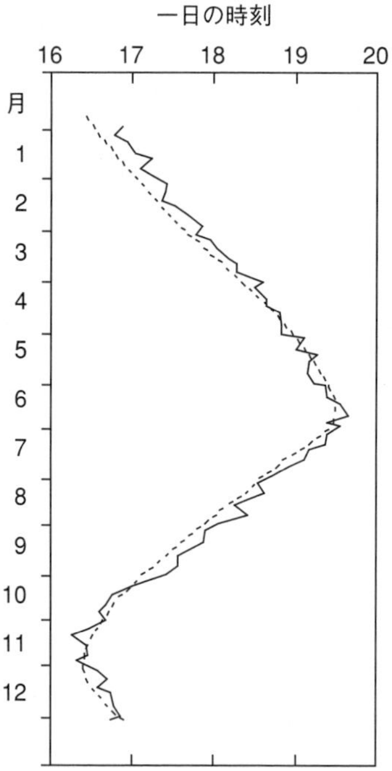

図3・5　アメリカモモンガの活動開始時刻の季節変化
活動開始時刻（実線）は日暮れ（破線）とほぼ一致している．
DeCoursey（1960）より改変

生物体内で起こる生理現象は，多かれ少なかれその背後に化学反応がある．化学反応は一般に温度に依存していて，温度が 10 °C 上昇すれば反応速度は 2〜3 倍になることが知られている（Schmidt-Nielsen，1997）．ところが，生物の自律振動の多くは温度変化に対して抵抗性をもっており，温度が大きく変化してもその周期はほとんど変わらない．この性質は生化学反応の温度依存性を補償するしくみがあるためと考えられており，温度補償性と呼ばれている．このしくみによって，異なる温度の下でも環境変化を正確に予測することができるのである．

このほかにもいろいろ重要な性質があるが，それらについては第 II 部で詳しく紹介する．

3・6　リズムのもつ生物学的な意義

これらのリズムをもつことの生物学的意義については，いくつもの重要性が指摘されている．

まず，環境への調和である．生物はいろいろな周期で変化する環境要因にさらされて生活しており，それらにうまく調和している．無論ここでいう環境の中には他の生物も含まれている．まず，食う食われるといった生態系の秩序を考えてみると，食われるもの（被捕食者）が集団で同じ時間帯に活動していれば捕食者は捕らえやすいであろう．逆に被捕食者の側からすれば，たくさんの個体の中から少数が食われても，大多数は生き残ることができる．すなわち，個体維持あるいは種族の維持に関係するのである．次に，種内での活動時間帯が一致することにより，雌雄の出会いや適切な社会行動ができることになると考えられる．また，適切な時刻に適切な行動をとることにより，無駄なことをしなくて済むわけだから，エネルギー効率を高めていることにもなる．さらに，**時間的すみわけ**や**時間的共生**関係など，生態系の微妙なバランスを保つという意味もある．

一方，個体内の**内部環境**（milieu interieur）を適切に設定するという役割もある．生物は環境に合わせて時間的に調和した周期的な生活を営んでいるわけだから，それに適した体内の時間的秩序の構築が必要になる．たとえば，夜行性の動物では夜間に神経系の働きを活発にしたり，消化吸収等の代謝活性も夜間に高めるため，それに関連したホルモンの分泌も周期的に行う必要がある．これらは，それぞれの最も適した時刻に起こるようにあらかじめ体内時計によってセットされているのである．

スポットライト3

リズムの内因性の証明

日周リズムが内因性の概日リズムであるかどうかは，恒常条件下に生物を置き，リズムが自由継続するかどうかを見ることで検討する．しかし，厳密な恒常条件を設定することは容易ではない．光や温度，湿度は精密な機械を使えば，かなりの精度で一定に保つことができる．しかし，地磁気の動きなど制御不可能な地球・宇宙物理的な日周変化は避けることはできない．そのため，今でも生物リズムがそのような我々の知覚できない外的要因によって生ずるということを主張する人もいる．この問題を解決するためにいくつかの研究が行われた．Hamner ら (1962) は，南極点に地球の自転と逆向きに 24 時間で 1 回転するターンテーブルを置き，その上でいろいろな生物のリズムを計測した．その結果，ウスグロショウジョウバエの羽化を含めて，いくつかの生物のリズムが継続したことを報告している．もっと明瞭に内因性を示す実験として，Ferraro ら (1989) は，アカパンカビをスペースシャトルに乗せ，分生子形成リズムを宇宙空間で計測した．その結果，地球上とは様子が多少異なるものの明瞭にリズムが継続することが示され，生物自身が体内に時計を持つ内因性が証明されたのである．

第 4 章
生物リズムの解析法

生物の示す生理や行動から周期性を明確にし，客観的に示すためには，対象としている現象をできるだけ数量化した時系列データとして示し，さらに適当な統計的方法を用いてその中から周期成分を明確に示す必要がある．本章では，活動記録の取り方，アクトグラムなど時系列データのグラフ表示法，ピリオドグラム法などの代表的周期分析法を解説する．さらに，生物リズム特有の解析法である位相反応曲線の求め方についても説明する．

4・1 生物リズムの測定法

生物の周期性を解析するその第一歩は観察である．じっくりと対象とする生物を観察し，どのような周期性を示すかをよく確かめた後，その周期性を数量化する方法を検討する．たとえば，カタツムリやナメクジのようなゆっくりとした動きを示すものであれば，それを入れた箱に区画を書いておいて，単位時間当たりにその区画を移動した回数を求めてもよい．植物の葉や花弁の開閉運動であれば，その開き具合を角度で表すことも可能であろう．しかし実際には，活動や動きを長時間にわたって観察するのは大変である．そこで，何日ときには何カ月にも及ぶ記録をとろうとする場合は，何らかの形で自動的に行う必要に迫られる．

4・1・1 アクトグラフ

自動計測の方法は，対象とする生物の，対象とする生理現象に応じていろいろなものが工夫されてきた．このような目的で作られた活動記録装置を一般に**アクトグラフ**と呼ぶ．古典的なものでは，カイモグラフを利用した自記

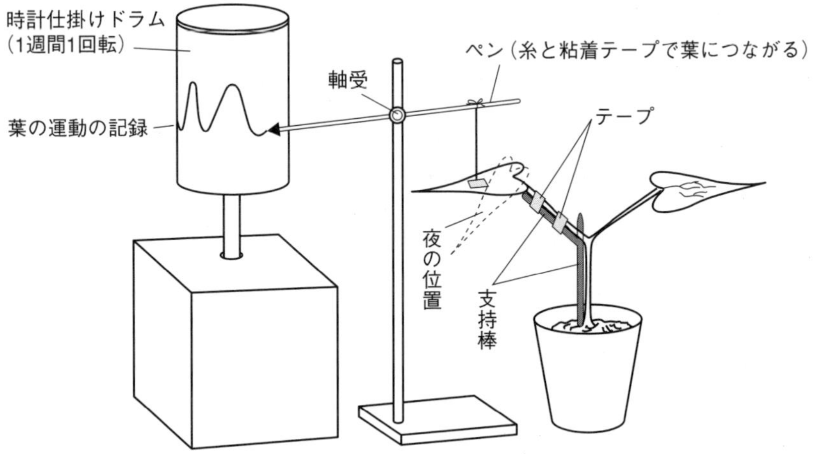

図4･1 植物の就眠運動の記録法 Brady (1979) より改変

記録法がある．**図4・1**はその一例として，植物の就眠運動の記録法を示している．葉の先端に糸の一端をテープで固定し，反対の端をてこの原理を利用した記録計の針の基部に固定する．これで葉の上下運動がカイモグラフのドラムの上に自動的に記録されることになる．同様の原理で，小動物の動きを記録する方法も用いられている．たとえば，動物をシーソー型の箱に入れ，その箱の傾きがカイモグラフに描かれるようにしたものがある．現在では，生物の動きを電気的な信号に変換して，コンピューターによる自動記録を行う場合が最も普通である．生物の動きを電気信号に変換するトランスデューサーには，マイクロスイッチなどを利用した機械的なものや，赤外線を利用した光学的なものなどがある．

マイクロスイッチを利用したものは比較的大型の動物に対して用いられている．たとえば，**図4・2A**はコオロギの活動記録箱の写真である．透明な箱に設けたシーソー式の床板がコオロギの移動に伴い上下に動くようになっている．その上下運動が，床板に取り付けられた軽量の磁石とその直下の箱底面に装着されたマグネティックリードスイッチによって検出される．その

A
B
C
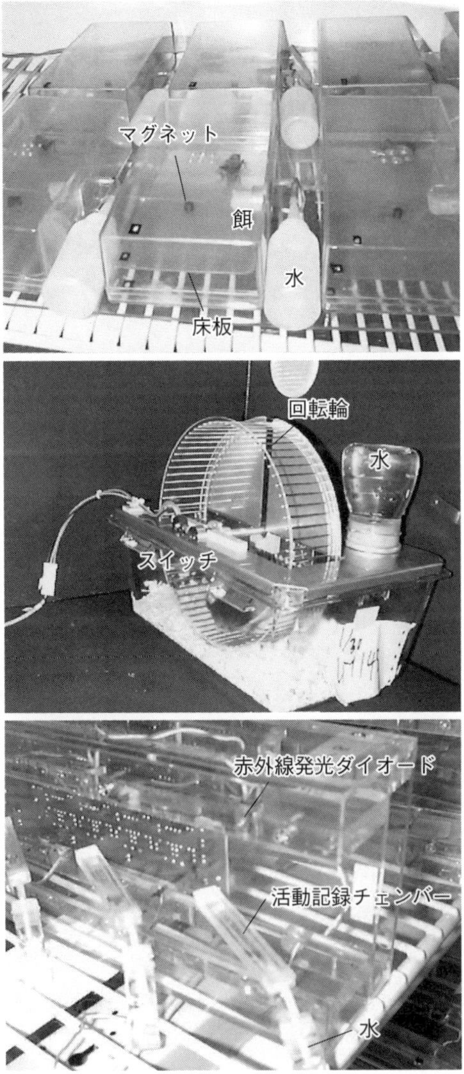

図 4・2　いろいろな活動記録装置
A：シーソー式，
B：回転輪型，
C：光電型

ほかによく用いられるのは回転輪（ランニング・ホイール）である（**図 4・2 B**）．リスやハムスターはかごに取り付けられた回転輪に入って輪回しをする習性があり，それを利用した活動記録が広く行われている．回転輪の回転はマイクロスイッチで検出される．同様の方法がゴキブリでも用いられている．

赤外線を利用した記録装置も広く使われている．ショウジョウバエのような体長わずか数ミリの昆虫でも，細い赤外線ビームを用いて感度良くその動きをとらえることができる．図4・2Cにその例を示す．透明なプラスチックチューブの中にハエを入れ，上部の発光ダイオードから赤外線ビームを発射し，それをチューブを挟んで反対側に設置されたフォトトランジスターで検出するしくみになっている．ハエが動いて赤外線ビームを横切ると，フォトトランジスターへの入力光が一時的に遮断され，電気信号が発生する．

コイルにより発生する静電容量の変化を利用するものもある．コイルの上に活動箱を置き，動物の動きによる静電容量の変化を電気信号に変えるというものである．

4・1・2 パソコンの利用

アクトグラフで検出され，電気信号に変換された情報は，以前はイベントレコーダーと呼ばれるペンレコーダーに記録されていたが，現在ではスイッチボードなどを介してパソコンに取り込み，ハードディスクなどに書き込む方式が取られている（図4・3）．そのような目的のために研究者の手製によるコンピューターシステムがいくつか報告されているし（田中館ら，1991），専門メーカーによる市販品もある．市販品としては，Stanford社のChronobiology Kitが広く使われている．

4・2 生物リズムの記述

データ解析について述べる前に，生物リズムの記載方法について説明しておこう．数量的にとったデータは，図4・4に示すように時間軸に沿った一つながりのデータとして表す方法（一連表示）や，たとえば24時間のように一定の長さで切ってそれを順次下に配置していく，いわゆるラスター形式

図 4・3　活動記録のコンピューターシステム
A：記録用パソコン，B：コオロギ用アクトグラフ

の示し方などが一般的である．ラスター形式の場合，さらに同一の記録 2 枚を，1 サイクル分だけずらして貼り合わせた**ダブルプロット**表示も頻繁に用いられる．一連表示の場合は量的変動の波形や周期などが観察しやすい．一方，ラスター表示の場合はある特定の事象が起こる時刻や周期の観察に都合がよい．

ここで，リズムの用語を**図 4・5** をみながら説明しよう．まず，ある生理現象の周期的な変動をみると，平均的な値を基準として，それから増加あるいは減少する．この基準となる値を**メサー**（mesor）という．メサーから最

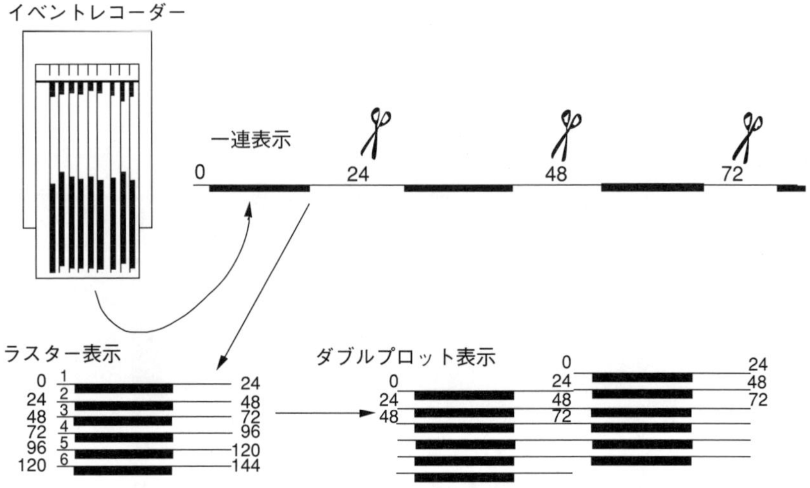

図4•4　アクトグラムの作成法

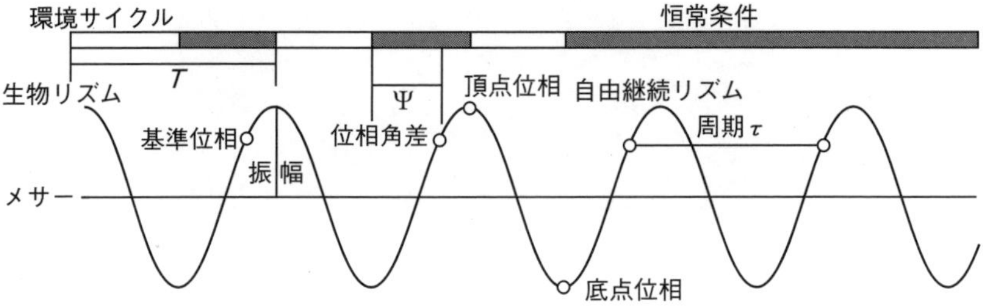

図4•5　生物リズムと用語の説明

大値あるいは最小値までの変化の大きさを**振幅**（amplitude）と呼ぶが，最小値から最大値までを振幅と呼ぶ場合もある．最大値の生ずる位相は**頂点位相**（acrophase），最底値の生ずる位相は**底点位相**（bathyphase）と呼ばれる．また，リズムの任意の点を**位相**（phase）と呼ぶが，一般にある特徴的な現象が生ずる点を**基準位相**（phase reference point）とする．基準位相から次の基準位相までの時間を**周期**（period）という．生物リズムの周期を表す場合には $\boldsymbol{\tau}$ を，同調因子の周期の場合には T を用いる．

環境サイクルと同調している場合には，環境サイクルとの間に特徴的な位相角関係が成立していることになる．このとき，リズムのある位相と環境サイクルの特定の位相，たとえば，暗期の開始時刻と基準位相との時間差を**位相角差**（phase angle difference）と呼び Ψ で表す．恒常条件下での自律振動リズムを**自由継続リズム**（free-running rhythm），そのときの周期を**自由継続周期**（free-running period）という．

時刻を表す場合，同調因子の時刻は**同調因子時刻**（zeitgeber time；ZT）といい，明期開始時刻を0時と定義する場合が多い．自由継続している概日リズムの場合は，自由継続周期を24時間に換算した**概日時刻**（circadian time；CT）が通常用いられる．この場合の基準位相は一般に活動開始時刻に置かれ，昼行性生物の場合にはそれが0時，夜行性の場合には12時とされている．

4・3　生物リズムデータの数量的解析

時間軸に沿って得られる単位時間当たりの数量的なデータは，一般に**時系列データ**と呼ばれる．ただし，時間生物学で扱うリズムは環境への適応機構として獲得された内因性の自律振動で，環境サイクルに対して特定の位相角で同調する．同調しているときの位相は，環境因子をとり除きリズムを自由継続させた場合にも長期間維持される．このような特徴から，生物リズムの解析では，一般的な時系列解析とは異なる特徴的な手法が開発されている．

また，リズムの波形もしばしば問題になる．生物リズムの場合には正弦波のように規則正しいものはまれで，鋸歯状波や台形波あるいは複数の高さの異なるピークを含むような複雑なものが多い．さらに，周期や波形が長期にわたる記録の間に徐々に変化することもある．コモンツパイ（*Tupaia glis*）やゴールデンハムスター（*Mesocricetus auratus*）などにみられる**リズム分割**はその一例である（Hoffmann，1971；6・10節参照）．このような生物リズムの特徴をよく認識したうえで，以下に紹介するような時系列データの解析を行うことが必要である．

4・3・1　トレンドの除去

しばしば長期記録をする間に，リズムの振幅が減少したり，リズムのメサーが徐々に変化する場合がある．**図4・6**には一例としてコオロギ視葉遠心性ニューロンの電気活動リズムにみられる長期変化を示している．このデータには約24時間のリズムがみられるが，全体的な電気活動のレベルがゆっくりと減少しているのがわかる．このような長期にわたるゆっくりした変動は**トレンド**と呼ばれている．リズムの解析ではこのようなトレンドを除去することが必要である．トレンドを除去するには，直交多項式を利用してトレンドを求め，それを原時系列から差し引く方法や，24時間の移動平均を求め，それを原時系列から差し引く方法などが考案されている．**図4・6B**では，後者の方法によってトレンドを除去したデータを示している．この図では，トレンドを除きかつ縦軸を変えることにより，約24時間のリズムが際

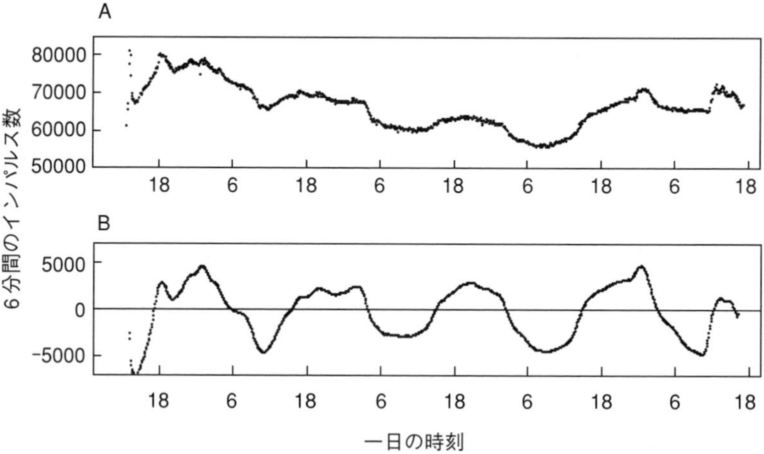

図4･6　トレンドの除去
コオロギ視葉の電気活動の概日リズム．A：生データのプロット，
B：トレンドを除去したデータのプロット．トレンドの除去により，
リズムが明瞭になる．

立ってくることがわかる.

4・3・2　波形の解析

リズムの波形は，数日間のデータをそのリズムの周期ごとに区切り，それを各時間ごとに平均して求める方法が一般的である．また，原時系列の値にばらつきが大きい場合には，あらかじめ数点の移動平均を求めておくのも有効である．図4・7B,Cはフタホシコオロギの明暗周期下での平均活動曲線を示している．図4・7Aのアクトグラムに示すように，このコオロギは成虫脱皮後約1週間でそれまでの昼行性から夜行性へと逆転する（Tomioka

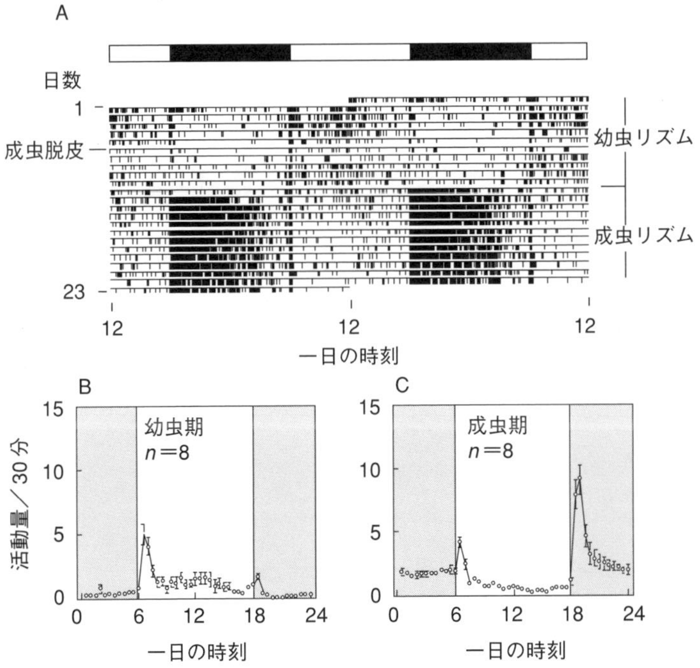

図4・7　フタホシコオロギのアクトグラム(A)と幼虫期(B)と成虫期(C)の平均活動曲線
平均活動曲線の各点のバーは標準誤差を示す．また，影をつけた部分は暗期を示す．

と Chiba，1982）が，波形解析の結果はそれを明確に示している．

4・3・3 リズムの有無の判定と周期分析

明暗サイクルから恒常条件に移して自由継続させたり，あるいは時計に関連した組織を破壊するなどの処理をした場合に，活動リズムがたいへん不規則になり，周期性の有無を判定しなければならない場合がある．熟練した研究者の目視による主観的な判断も充分信頼できるものであるが，主観のみに頼らず，リズムの有無を客観的に判定するために，いくつかの有効な方法が提案されている．それらの多くが，カイ二乗ピリオドグラム，パワースペクトルなど周期分析法そのものである．以下に，それらの原理を簡単に紹介しよう．

(A) 自己相関関数（コレログラム）

この方法の原理は，解析しようとする原時系列とそれを少しずつずらした時系列との間で相関を求めるというものである．原時系列の中に周期 τ の成分が含まれていれば，それを τ の整数倍だけずらしたときに相関が高くなり，逆に $\tau/2$ の整数倍だけずらしたときには相関が低くなることになる．自己相関 r_k（データ数 n 個からなる原時系列を k 個ずつずらした場合の自己相関）は次の式で表される．

$$r_k = \left(\frac{1}{n-k} \sum_{i=1}^{n-k} x_i \cdot x_{i+k} - \bar{x}_1 \cdot \bar{x}_2 \right) \Big/ s_1 \cdot s_2 \qquad (4.1)$$

ここで $\bar{x}_1 = \dfrac{\sum_{i=1}^{n-k} x_i}{n-k}$　　$\bar{x}_2 = \dfrac{\sum_{i=k+1}^{n} x_i}{n-k}$

$$s_1 = \sqrt{\frac{\sum_{i=1}^{n-k} (x_i - \bar{x}_1)^2}{n-k}}$$

$$s_2 = \sqrt{\frac{\sum_{i=k+1}^{n} (x_i - \bar{x}_2)^2}{n-k}}$$

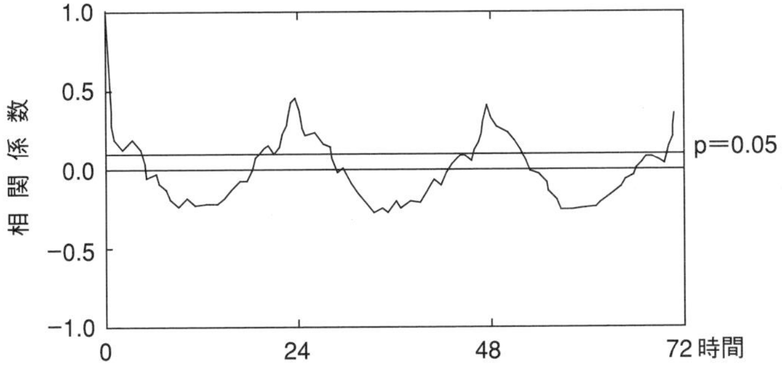

図 4・8　コオロギ活動リズムの自己相関

r_k が周期的に $2/\sqrt{n}$ を超える場合，95 % レベルで有意な周期成分と見なすことができる．**図 4・8** はフタホシコオロギ雄の恒暗条件下での活動リズムの自己相関を計算した結果である．約 24 時間ごとに相関係数が高くなっており，概日リズムの存在が確認できる．

(B)　ピリオドグラム

ピリオドグラムははじめ Schuster（1898）によって考案されたが，これまでにいろいろな改良が加えられ，現在最も広く用いられているのは Sokolove と Bushell（1978）によって考案された**カイ二乗ピリオドグラム**である．この原理は単純で，時系列（$X_1, X_2, X_3, \cdots\cdots, X_i, \cdots\cdots$）をある仮周期 P で区切り，それを次に示すような周期配列表にまとめる．

$X_{1,1}$	$X_{1,2}$	$X_{1,3}$	•	•	$X_{1,i}$	•	•	•	$X_{1,P}$
$X_{2,1}$	$X_{2,2}$	$X_{2,3}$	•	•	$X_{2,i}$	•	•	•	$X_{2,P}$
•	•	•	•	•	•	•	•	•	•
•	•	•	•	•	•	•	•	•	•
$X_{j,1}$	$X_{j,2}$	$X_{j,3}$	•	•	$X_{j,i}$	•	•	•	$X_{j,P}$
•	•	•	•	•	•	•	•	•	•
•	•	•	•	•	•	•	•	•	•
$X_{k,1}$	$X_{k,2}$	$X_{k,3}$	•	•	$X_{k,i}$	•	•	•	$X_{k,P}$
Y_1	Y_2	Y_3	•	•	Y_i	•	•	•	Y_P

Y はこの表の縦列の平均を表しており，もし仮周期 P が原時系列の中に含まれる周期と近ければ，この Y には原時系列に含まれる変動が現れ，したがって，Y の中の分散は大きくなる．Enright（1965）はこの原理を利用して，重要度（A_P）と呼ばれる Y の標準偏差的な値を採用した．A_P は次の式で表される．

$$A_P = \sqrt{\frac{1}{P}\sum_{i=1}^{P}(Y_i - \bar{Y})^2} \tag{4.2}$$

$$\text{ここで } \bar{Y} = \frac{1}{P}\sum_{i=1}^{P} Y_i$$

重要度が最も大きい仮周期を確定周期とする．

カイ二乗ピリオドグラムでは，この時系列 $Y_1 \sim Y_P$ をカイ二乗検定する方法を用いる．$Y_1 \sim Y_P$ の分散 S_P は

$$S_P = \frac{1}{P}\sum_{i=1}^{P}(Y_i - \bar{Y})^2$$

$Y_1 \sim Y_P$ を得た原時系列（$X_1 \sim X_n$）の平均 $\bar{X}$ と分散 S_X は

$$\bar{X} = \frac{1}{n}\sum_{i=1}^{n} X_i \qquad S_X = \frac{1}{n}\sum_{i=1}^{n}(X_i - \bar{X})^2$$

ここで

$$Q_P = n \cdot \frac{S_P}{S_X} \tag{4.3}$$

とすると，Q_P は基本的に自由度 $P-1$ のカイ二乗分布を示す．

Sokolove と Bushell（1978）は，$\alpha = 0.001$ の χ^2 値が危険率 1％の有意水準となることを示している．この水準を超える Q_P が存在すれば，その時系列には有意な周期性が含まれることがわかり，最も大きな Q_P をとる P が確定周期となる．**図 4・9** は，キイロショウジョウバエの恒暗条件と恒明条件での活動リズムをカイ二乗ピリオドグラムで分析した結果を示している．恒暗条件では明瞭なリズム（図上）が検出されているが，恒明条件では有意な周期性は検出されない（図下）．恒暗条件の活動では 12 時間にも強いピークが検出されているが，これは 24 時間の 1/2 の周期で現れたハーモニ

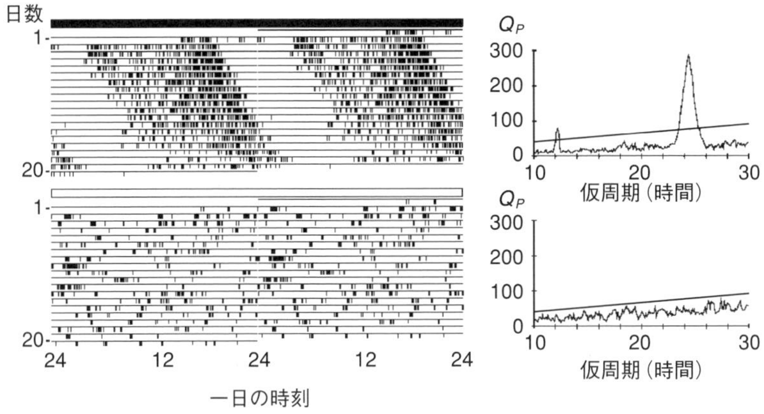

図 4・9　キイロショウジョウバエのアクトグラム（左）とそのピリオドグラム分析（右）
恒暗条件（上）ではリズムが 24.3 時間の周期で自由継続するが，恒明条件（下）では無周期性となり，ピリオドグラムでも有意な周期は検出されない．

クスである．このようなハーモニクスは周期の整数倍または整数分の一でもしばしば現れるので注意を要する．なお，カイ二乗ピリオドグラムでの有意性の検定には少なくとも 10 サイクルのデータが必要である．

(C)　パワースペクトル

パワースペクトルは，規則正しい間隔でとられた一連の有限なデータはどのようなものでも，同じ間隔でとられた正弦波と余弦波の和として式（4.4）のように表されるという数学定理に基づいている．この正弦波と余弦波はフーリエ成分と呼ばれる．解析する対象はこのフーリエ成分の振幅に対応する係数である．

$$X(t) = \frac{a_0}{2} + \sum_{n=1}^{\infty}\left(a_n \cos\frac{2\,n\pi t}{T} + b_n \sin\frac{2\,n\pi t}{T} \right) \qquad (4.4)$$

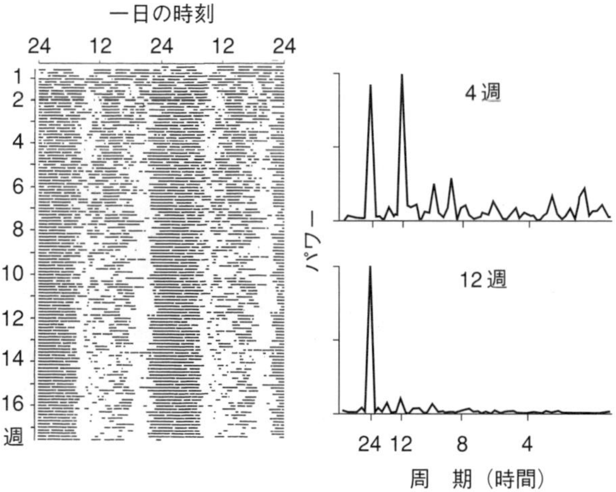

図 4･10　新生児の睡眠—覚醒リズム（左）とそのパワースペクトル分析結果（右）　左図のバーは睡眠を示す．
Tomioka と Tomioka（1991）より改変

ここで

$$a_n = \frac{2}{T}\int_{-\frac{T}{2}}^{\frac{T}{2}} X(t)\cos\frac{2n\pi t}{T}\,dt$$

$$b_n = \frac{2}{T}\int_{-\frac{T}{2}}^{\frac{T}{2}} X(t)\sin\frac{2n\pi t}{T}\,dt$$

a_n と b_n はその成分の寄与率を示しており，周期 T/n の成分波の振幅 A_n は $\sqrt{a_n{}^2+b_n{}^2}$ であり，それが最も大きくなる時の周期が原時系列に最もよく当てはまる周期ということになる．**図 4・10** にはヒト新生児の睡眠—覚醒リズムのパワースペクトル分析の結果を示す．生後 4 週目には 24 時間の成分よりも 12 時間の成分が強く現れているが，12 週目には 24 時間成分が強くなり，このころには概日リズムが確立することを示している．

(D)　最小二乗スペクトル

最小二乗スペクトル法は，原時系列に直接余弦曲線を当てはめ，周期ばか

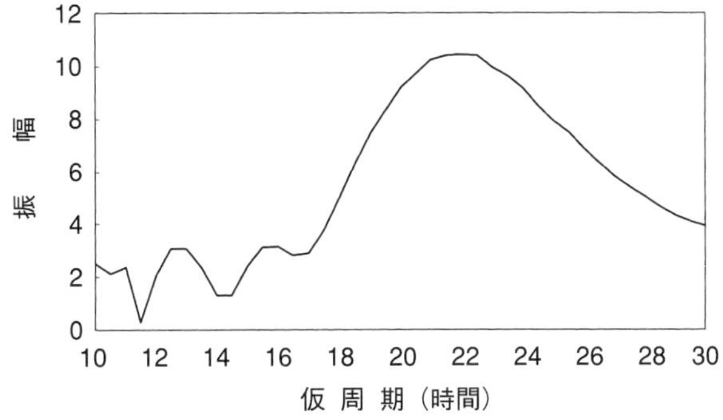

図 4・11 キイロショウジョウバエ概日活動リズムの最小二乗スペクトルによる周期解析結果の例

りではなく，振幅，頂点位相なども求めることができるすぐれた方法で，Halberg ら（1972）によって考案された．余弦曲線を当てはめるという原理から，対象とする時系列も余弦曲線的にリズムを刻むものでなければならない．矩形波や鋸歯状波の場合には，近似的な推定はできても，正確な振幅や頂点位相を求めることはできない．理論的な時系列の余弦波表示は次のようになる．

$$Y = M + A \cdot \cos(\omega t + \phi) \tag{4.5}$$

ここで，M はメサー，A は振幅，ω は角速度（$\omega = 2\pi/\tau$），ϕ は頂点位相を表している．実際の観測値はこれに誤差（e）が含まれたもので，次の式で表される．

$$Y = M + A \cdot \cos(\omega t + \phi) + e \tag{4.6}$$

最小二乗スペクトルでは特定の仮周期（τ）に対して e が最小になるような A, M, ϕ の値を求める．A が最大となり，e が最小となる点を確定周期とする．**図 4・11** にはキイロショウジョウバエの活動リズムの最小二乗スペクトル分析の結果を示す．

4・3・4 基準位相の設定と位相反応曲線

生物リズムの解析においては，そのリズム内で特徴的な現象が起こる位相

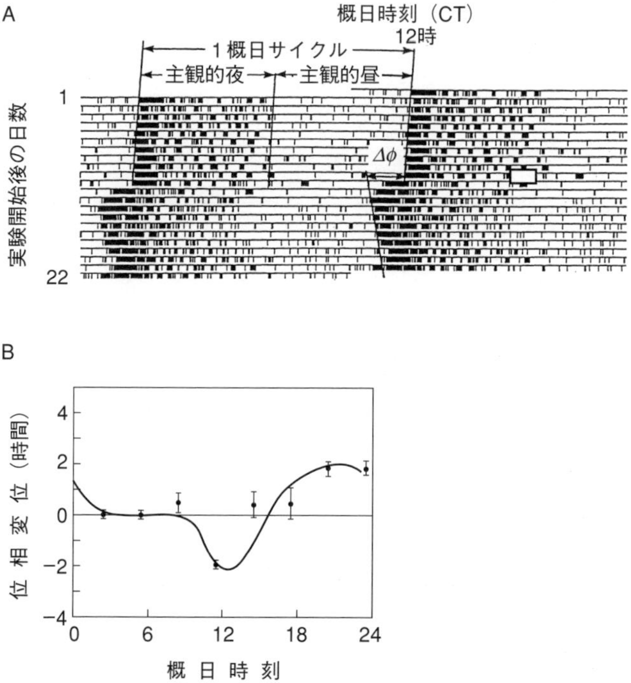

図4・12　フタホシコオロギ概日リズムの単一光パルス（白四角）による位相変位（A）と位相反応曲線（B）

(phase) を**基準位相**として設定することが必要である．基準位相には，最大値，最小値，その中間の点，活動の開始など，従来いろいろのものが用いられているが，要は最も安定していて解析に都合の良いものを選べばよい．

生物時計の解析には**位相反応曲線**（phase response curve；PRC）をしばしば用いる．恒常条件下で自由継続しているリズムに外的刺激を与えると，リズムの位相はその刺激を与えたときのリズムの位相に応じて変化する．たとえば，**図4・12 A** は恒暗条件下で自由継続しているコオロギ概日活動リズムに対する3時間の光パルスの影響を示したものである．位相変位量は，通常光パルスを与える前と後の数日間の活動の開始に直線を当てはめ，光パルスを与えた当日のその直線間の時間差を読みとることで求める．活動リズムの位相は光パルスが主観的夜のはじめ（CT 12 付近）に与えられれば後退し，逆に主観的夜の後半（CT 18〜24）に与えられると前進することがわかる（**図 4・12 B**）．このような反応性は，生物時計が振り子のような物理的振動によく似た性質をもっていることを示している．振り子にその振動のいろいろな位相で外的に一瞬力を加えたとき，振り子の位相は加えた力の方向と強さと位相に応じて瞬時に変化する．生物時計の場合にも，いろいろの位相で光パルスを与えることにより，時計の光に対する感受性，反応性を知ることができる（Aschoff，1965）．また，光以外にもいろいろな環境因子や化学物質等の影響を調べることができる．たとえば，温度や湿度に加えて，海にすむものでは水圧や水の物理的撹拌などを用いて環境への同調機構を解析することが広く試みられている（Neumann，1988）．化学物質としては，ホルモンや神経伝達物質とそれに関連した生体物質を用いて，それらの生体内での時計機構へのかかわりが解析されている．また，タンパク合成阻害剤や転写阻害剤等を用いて，時計の分子機構を解析することも試みられている（Edmunds，1988）．

ここで少し詳しく，光による位相反応曲線の求め方を述べておこう．光による位相反応の解析には，Aschoff（1965）の分類によれば**図 4・13** に示すように 6 通りの方法がある．最も一般的な方法は，上に述べたように，恒暗条件下で安定して自由継続しているリズムに短い光パルスを与え，その結果生ずる位相変位量を測定するものである（図中 A）．この場合，しばしば光パルス照射後数サイクルにわたってリズムの周期が不安定な状態（**移行期**；transients）が現れるので，周期が安定した定常状態になった時点での位相を変位後の位相とする．第 2 の手法は B に示すように，明暗サイクルから恒暗へ移した最初のサイクルのいろいろな位相で光パルスを与え，その後の定常状態での自由継続周期の位相を，パルスを与えなかったコントロールと比較するというものである．この手法は長い期間の実験が困難な場合に有効で，パルスを与える位相を揃えることができる点でも有利である．第 3 は，恒暗条件下で自由継続しているリズムのいろいろの位相で，恒明へ切り替え

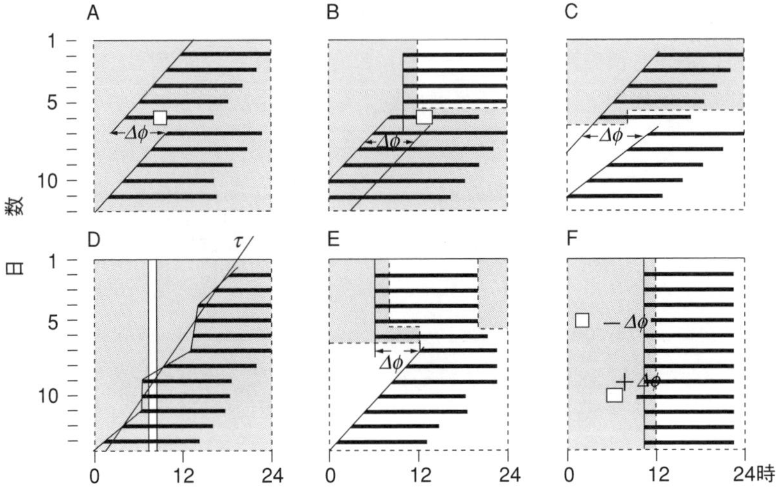

図 4・13　位相反応曲線の求め方　Aschoff（1965）より改変

てリズムを測定し，恒暗から恒明への切り替えで生ずる位相変位を調べる方法である（図中C）．逆に恒明から恒暗へ切り替える方法もある．この場合には，光のオンあるいはオフの効果をいろいろの位相で調べることができるが，光条件に依存した周期の変化が起こる点に難がある．第4に，恒暗下で自由継続しているリズムに対して，光パルスを毎日同じ時刻に与え続けるという方法がある（図中D）．光パルスはリズムを同調させない程度の弱い強度のものである必要がある．この場合にはリズムは自由継続を続けるが，光パルスにより位相変位し，その結果周期の変調が起こる．この方法では短期間のうちに大まかな位相反応曲線を得ることができるが，正確な解析は困難である．さらに，第5の手法としてEに示すように，明暗サイクルから恒明へ移行させる方法がある．恒明への移行によって生ずる位相変位量と恒明へ移行した位相との関係を解析するのである．最後に，明暗サイクルに同調しているリズムに対して，暗期のいろいろの位相で光パルスを与え，次のサイクルの活動開始時刻の位相変位を解析する方法がある（図中F）．この場合は暗期でのみ実験が可能であり，明期には実験できないという欠点がある．

スポットライト 4 ◈◈◈◈◈◈◈◈◈◈◈◈◈◈◈◈◈◈◈◈◈◈◈◈◈◈◈◈◈◈◈

環境条件の設定

生物のリズムは光，温度などの環境条件によっていろいろに変化する．したがって，環境条件を厳密に設定することはきわめて重要である．通常は光と温度が設定できる恒温室や恒温槽が用いられている（図 A）．光は生物リズムの重要な同調因子であるが，厳密な設定が難しい．たとえば一般に光源として用いられている白色蛍光灯は，主として青，緑，赤の波長が組み合わされて白色に見えるようになっているものが多い．しかも，メーカーや製品によって少しずつ波長が異な

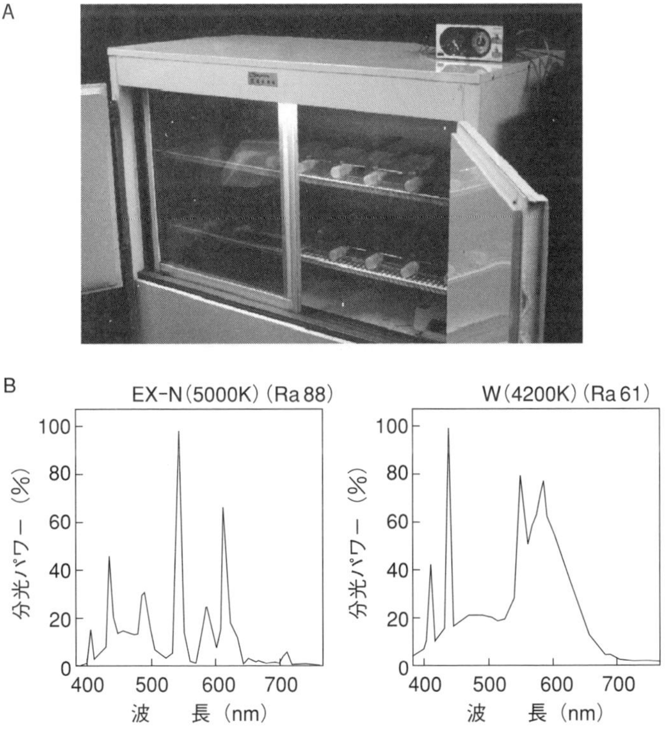

図　A：**恒温装置**　内部にコオロギ用の活動記録箱がセットされている．
B：**蛍光灯の分光分布**

る（図B）．測定しようとする動物の光受容系の分光感度も，光源を選ぶ際に考慮に入れておく必要がある．蛍光管の照度は点灯後数分経過した後，最も高く，安定した状態になる．したがって，数分単位の短い光照射の実験には不向きである．また，照度は一般に周囲の温度が20〜25℃で最高となり，それ以上でもそれ以下でも低下する．さらに，照度は蛍光管の点灯時間の経過と共に変化し，とくにはじめの数百時間での変化が大きい．これらの情報は各製品のカタログなどを調べ，よくわきまえておく必要がある．

温度も重要な環境因子であるが，光と共に制御しにくいものでもある．たとえば低温恒温槽では，設定値付近で温度が低下すればヒーターで加温し，上昇すればクーラーで冷やすというくり返しで設定値付近の温度を保つようになっている．したがって，ある程度の温度幅での変化は避けられない．そこで，厳密な温度レベルを要求する場合は，アクトグラフをもう一つ別の箱に入れるなどして，生物の周囲の温度をできるだけ安定に保つなどの工夫が必要である．温度サイクルを与えたり，温度パルスを与える場合など，生物の周囲の温度が設定値に変化するまでには意外に時間を要することなどにも注意を要する．これらのほかに，湿度，騒音，振動などにも充分に注意を払うべきである．

第 II 部

さまざまな生物リズム

周期活動は生物の世界にきわめて広くみられる現象で，私としてはこの重要な現象こそは一生かけて研究するねうちがあると思い，努力してきたのです．

森　主一『動物の生活リズム』から

第5章 ウルトラディアンリズム

生物の多くの生理活動には，秒，分あるいは数時間の24時間よりずっと短い周期性を示すものがあり，それらの周期性を総称して**ウルトラディアンリズム**（ultradian rhythm）と呼んでいる．さまざまなウルトラディアンリズムが，細胞，組織，行動などのいろいろなレベルで観察されている．たとえば，酵母の解糖系，細菌類のタンパク合成，ペースメーカーニューロンの活動，ホタルの発光等にみられるリズムがそれである（**表5・1**）．ウルトラディアンリズムの中には，概日リズムなどの環境サイクルに連動した内因性リズムと共通の性質をもつものがあり，そのリズムの発現機構がもっと長い周期をもつリズムのモデルとなりうるとも考えられる．しかし，後述するように環境サイクルとの関連はよくわかっていない．

5・1 ミリ秒ないし秒の周期性

ウルトラディアンリズムの中でもとくに周波数の高いリズムは，神経の活動や呼吸，心臓の拍動などにみることができる．以下に代表的な例をいくつかあげてみよう．

5・1・1 神経の発火リズム

神経系内に周期的に活動するニューロンが存在することは多くの例によって知られている．たとえば図3・2Aに，タバコスズメガ脳のペプチド性ニューロンの電気活動を示している．このニューロンは約1ヘルツでほぼ規則的に自発発火をくり返している．

このような短周期の自発的周期を行動に利用している生物もある．中南米原産のデンキウナギ目の弱発電魚がそれである．たとえばグリーンナイフフ

表 5・1　ウルトラディアンリズムの例

生物・標本	生理機能	周　期
細胞レベル		
緑藻（*Scenedesmus*）	アンモニア排出	1－3 分
アカントアメーバ（*Acanthamoeba castella*）	呼吸	1 時間
大腸菌（*Escherichia coli*）	β-ガラクトシダーゼ活性	50－60 分
酵母（*Saccharomyces cerevisiae*）	α-グルコシダーゼ活性	90 分
マウスフィブロブラスト L 細胞	膜電位	6 秒－2 分
心筋細胞	電気活動	0.1－2 秒
器官レベル		
哺乳類大脳皮質	脳波	20 ミリ秒－48 秒
ラット下垂体[a]	LH 分泌	約 30 分
個体レベル		
ホタル	発光	0.5－1 秒
フタホシコオロギ[b]	交尾行動	～90 分
キイロショウジョウバエ[c]	求愛歌パルス間隔	約 55 秒
ハタネズミ[d]	自発活動	1－4 時間
ヒト[e]	REM 睡眠	約 90 分

a）Veldhuis，1992；　b）Ureshi と Sakai，2001；　c）Kyriacou と Hall，1980；
d）Gerkema ら，1993；　e）Minors と Waterhouse，1981 より
それ以外は Edmands，1988 より

ィッシュ（*Eigenmannia virescens*）は，正弦波状の連続した発電を一定の周期（240～603 ヘルツ）で昼夜を問わず絶え間なく行い，身体の周囲に電場をつくっている（**図 5・1**）．この電場は物体が入ることによって乱されるが，その乱され方によってそれが何かを知ることができる．この定常的な発電は，延髄の中央にあるペースメーカー核と呼ばれる単一で大型の神経細胞の集団でつくられている．ここには電気的シナプスにより相互に結合した数十から数百のニューロンがあり，それらは同調して振動している．この振動がいくつかのニューロンによって中継され，尾部にある電気器官に送られ，正弦波状の電気が発生することが知られている（川崎，2000）．この発電周

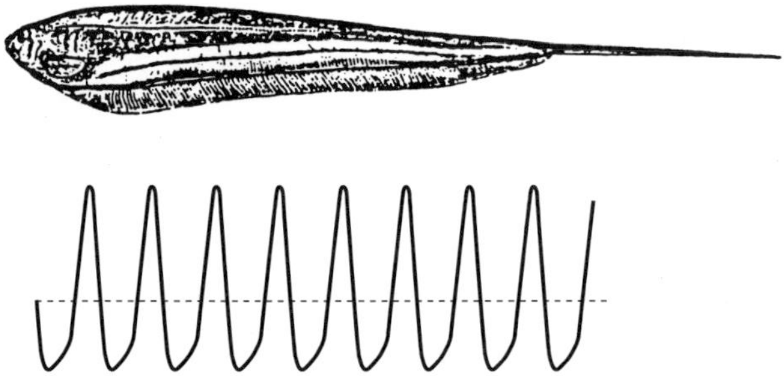

図5・1　グリーンナイフフィッシュの発電パターン
トレースは14ミリ秒間の記録を示す．Kramer（1990）より改変

波数は温度に依存しており，たった0.001℃の変化でも影響されるという．

5・1・2　心臓の拍動リズム

心臓の拍動の周期性は，心筋自体の自律的な収縮弛緩による場合と心臓神経による制御による場合とがある．前者を筋原性（myogenic），後者を神経原性（neurogenic）と呼んでいる．双方ともに内因性のリズムであり，たとえば位相依存的な位相変位のような自律振動の性質を表す．興味深いことに，甲殻類等脚目フナムシ（*Ligia exotica*）の心臓はこの両方を合わせもつことが山岸（1999）によって発見されている．**図5・2**に示すように，フナムシ心臓神経節は心臓壁にあり，実体顕微鏡の下で直接見ながら電極を刺入できる．神経節細胞は心臓拍動ごとに活動電位（インパルス）を発生し，拍動リズムを調節している．電気活動はまずゆっくりと上昇する膜電位の脱分極が起こり，この脱分極が神経細胞の発火レベル（閾値）に達すると活動電位が発生する．心筋細胞はこのペースメーカーニューロンの活動に同期して電気活動を示し，収縮している（図中B）．フグ毒として知られるテトロドトキシンを投与すると，ペースメーカーニューロンの活動が抑えられることにより心筋の活動電位が抑制されるが，膜電位の変動は頻度が多少低下するものの継続し，拍動も継続する．

脊椎動物の心臓は筋原性で，その拍動周期をペースメーカー細胞が決めて

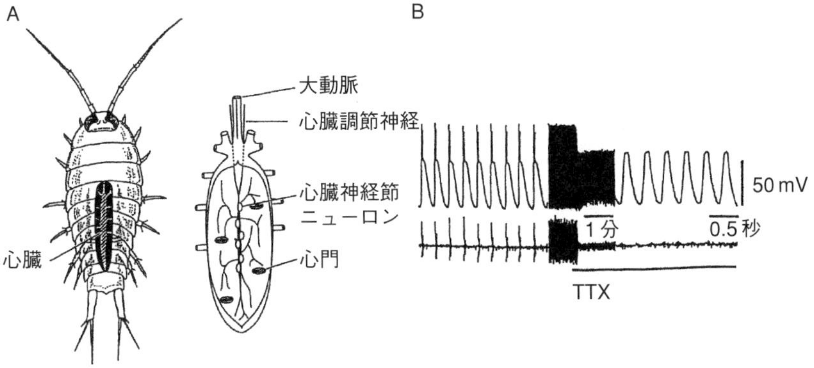

図5・2　**フナムシ心臓（A）と心臓の拍動リズム（B）**
B：心筋の細胞内電位（上）と心臓神経節の神経活動（下）の同時記録.
TTX はテトロドトキシン投与. 山岸（1999）より改変

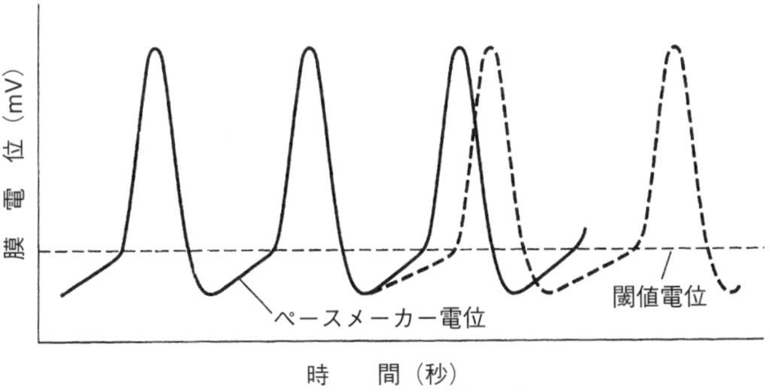

図5・3　**心筋細胞の周期的電気活動の模式図**　Randall ら（1998）より改変

いる. 心筋のペースメーカー細胞には静止膜電位はみられず，弛緩期に**ペースメーカー電位**（pacemaker potential）と呼ばれるゆっくりした脱分極を示す（図5・3）. ペースメーカー電位が閾値を超えると，**全か無かの法則**に従って活動電位が生ずる. 心拍の頻度はこのペースメーカー電位の脱分極の速さ，活動電位後の再分極の大きさ，さらに活動電位を発生する閾値電位の高さに依存している. 脱分極の速度が遅ければゆっくりと閾値に達し（図中破線)，活動電位の頻度すなわち心拍が減少することになる．このペースメーカー電位はカリウム（K^+）チャネルに依存している．活動電位発生後は多くのカリウムチャネルが開いており，K^+ イオンの流入により膜電位が深くなり K^+ の平衡電位に近づく．その後カリウムチャネルは次第に閉じるので，膜電位は次第に脱分極し，それは閾値に達するまで続く．脱分極が閾値に達すると，電位依存性ナトリウムチャネルが開き，活動電位が発生することになる．

5・1・3　ホタルの発光リズム

ホタルが自発的にリズミックな発光をくり返し，雌雄間で交信することはよく知られている．たとえばゲンジボタル（*Luciola cruciata*）の場合，雄は群飛しながらゆっくりと周期を揃えて強い発光をくり返し，雌を探す．その発光の周期は西日本では約2秒である．東南アジアにすむホタルには，特定の木に集合し，集団でいっせいに明滅するものが知られている．たとえば *Pteroptyx cribellata* は980ミリ秒周期で集団発光をくり返す（Buck と Buck，1976）．ここにはいくつかの内因性リズムの特徴がある．それは自律的なリズムであることと同調性をもつことであり，これらは第6章で詳細にふれる概日リズムとも共通している．隔離された個体でもこの発光リズムは続き，たまに発光が一度休止してしまった場合でも次の発光のタイミングはまったくその影響を受けない．この発光リズムは人工的な光パルスに同調させることができるが，同調時の光刺激とリズムとの位相角には**図5・4A**に示すように特定の関係が生ずる．すなわち，刺激光の周期が自由継続周期(980ミリ秒）より短ければ発光のタイミングは刺激光に遅れるが，長ければ刺激光よりも早くなるのである．

この発光の自由継続リズムは単一の短い光パルスで，移行期を伴った位相変位を生ずる．位相変位の方向と大きさは光パルスを与える位相に依存していて，発光後約800ミリ秒までは位相後退が，発光前200ミリ秒では位相の前進が生ずる（**図5・4B**；Hanson，1982）．この位相反応曲線から，*P.*

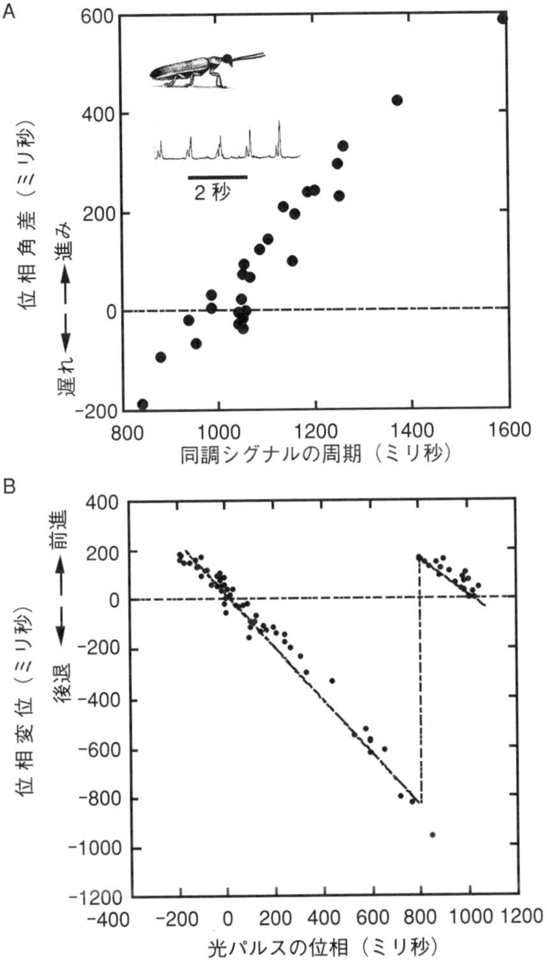

図5・4　ホタルの発光リズムの同調時の位相角差（A）と光パルスによる位相反応曲線（B）

Bの横軸はホタルが発光した時間を0としている．
Buck と Buck（1976），Hanson（1982）より改変

cribellata の同調範囲は約800ミリ秒から1600ミリ秒であると推定できるが，はたして実験的にもそのことが確かめられている．

5・2　分ないし時間の周期性

5・2・1　酵母の解糖系のウルトラディアンリズム

酵母（*Saccharomyces cerevisiae*）では，一定量のグルコースやトレハロースを基質として連続的に与えると，NADPH の濃度や他の解糖系要素に約7分周期の持続的な振動が生ずる（図5・5）．このときホスホフルクトキナーゼ（PFK）がその産物である ADP とフルクトース 1,6-二リン酸を周期的につくることがわかっている．PFK 活性の周期性はアデニル酸系（adenylate system）を介して解糖系のすべての酵素反応系列に伝わる．PFK への反応産物の正のフィードバックがこの振動の原因と考えられている（Goldbeter と Caplan，1976）．

このリズムは，概日リズムと類似の性質をもつ．まず，基質を与える速度にもよるが，2～70分の周期の自律振動を示すことがあげられる．次に，基質の与え方を正弦波状にすると，それに同調することも知られている．同調は，T/τ が 0.75～1.25 の範囲でのみ可能である．さらに，この振動はたとえば 0.7 mM（ミリモル）の ADP を与えることで位相変位する．このように，概日時計とよく類似した性質をもっているが，温度には高い依存性を示す点が異なる．

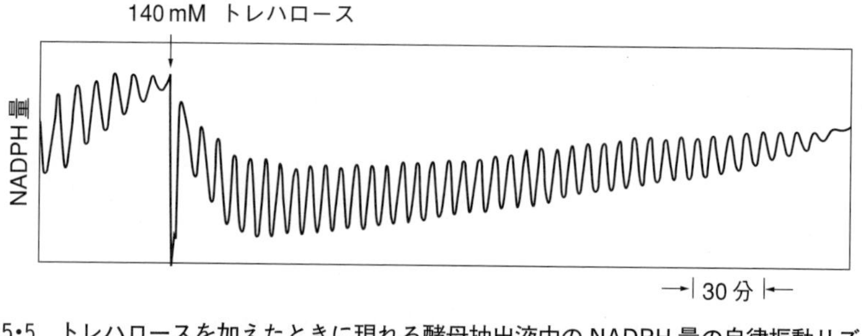

図5・5　トレハロースを加えたときに現れる酵母抽出液中の NADPH 量の自律振動リズム
Pye（1969）より改変

5・2・2　睡眠サイクル

睡眠—覚醒は覚醒，徐波睡眠，急速眼球運動（rapid eye movement；REM）を伴う REM 睡眠に分けられる．ヒトでは睡眠中に，この徐波睡眠と REM 睡眠が約 90 分周期で交互にくり返す．脳波を指標とした睡眠研究の創始者ともいえる Kleitman（1963）は，この約 90 分周期のリズムが覚醒中も動いていると考え，これを**基盤休息活動周期**（basic rest-activity cycle；BRAC）と呼んだ．Tobler（1984）によれば，睡眠相の交代周期はマウス（*Mus musculus*）では 10 分，ラット（*Rattus norvegicus*）とウズラ（*Coturnix japonica*）で 12 分，ネコ 19 分，ゾウ 125 分である．さらに，哺乳類 53 種類で徐波睡眠—REM 睡眠サイクルを比較した Zepelin と Rechschaffen（1974）の研究によれば，これらの周期の長さは脳の重量と高い相関を示す．このことから類推すれば，**睡眠サイクル**は代謝率に基づく生理学的時間の範疇に入るのかもしれない．

5・3　行動のウルトラディアンリズム

小型哺乳類は，その歩行活動や摂食活動にしばしば 1〜4 時間のウルトラディアンリズムを示す．たとえばユーラシアハタネズミ（*Microtus arvalis*）の個体群では，**図 5・6 A** に示すように摂食活動に 2〜3 時間のリズムがみられる（Daan と Slopsema，1978）．このリズムは個体ごとに測定しても，歩行活動と摂食活動の両方でみられることから（**図 5・6 B**），他個体の活動が刺激となって現れるものではなく，個々の個体のもつ内因性のリズムである（Gerkema ら，1993）．この種のリズムは，しばしば空腹と飽食という消化系のフィードバックによって制御される，いわば摂食系の活性化の周期的変化によって制御されていると説明されている．しかし，ハタネズミでは餌を与えない条件下でもこのリズムが現れることから，単に空腹—飽食という消化系のフィードバックでは説明できないし，さらに，睡眠—覚醒リズムとも独立であるということがわかっている．概日リズムを制御する

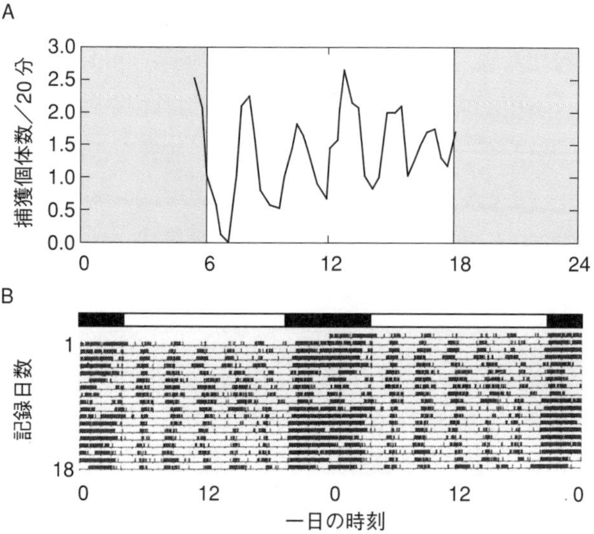

図5･6　ユーラシアハタネズミの活動のウルトラディアンリズム
A：20分当たりの捕獲個体数の変動にみられるウルトラディアンリズム
Daan と Slopsema（1978）より改変
B：個体の活動リズムにみられるウルトラディアンリズム
Gerkema ら(1993)より改変

視交叉上核を破壊した場合にも，多くの個体でこのウルトラディアンリズムが継続することから，概日リズムとは別の機構でつくられる可能性が高い(Gerkema ら，1990)．

このような数時間の活動リズムは，このほかにも多くの動物でみられる．

5・4　ウルトラディアンリズムの起源

このようにウルトラディアンリズムは枚挙にいとまがない．しかし，数ミリ秒から数時間に及ぶ範囲の周期性がなぜ生ずるのかという疑問への適切な答えは今のところ見あたらない．とくに数分から数秒の短い周期性に関しては，心臓などのペースメーカー細胞を除いては，それがどのようにして生ま

スポットライト 5

コオロギの交尾サイクル

コオロギの交尾行動にも周期性がみられる．交尾行動は雄の求愛歌に始まり，精子の入った精包を雌に受け渡すことで完了するが，しばらくすると雄は次の精包を準備し，再び交尾が可能となる．この行動は細かく調べられており，およそ次の順序で進むことが知られている（図；Ureshi と Sakai，2001）．雄は精包を渡すとその後 5〜8 分ほどの間に新しい精包を腹部末端部に押し出す．新しくつくられた精包は柔らかいが，約 30 分ほどすると乾燥し，雄の生殖孔に格納される．それからなお 30 分ほど経過して雄は再び求愛歌を奏で始め，次のサイクルへと入る．このサイクルは約 80 分であるが，そのなかでもとくに精包準備行動から次の求愛を開始するまでの時間はきわめて正確に決まっており，フタホシコオロギでは約 60 分である．この時間は温度に依存しており，温度が高いほど速く進む．Q_{10} は約 2 であり，背後に生化学的な**タイマー機構**が関与することが示唆されている（Ureshi と Sakai，2001）．

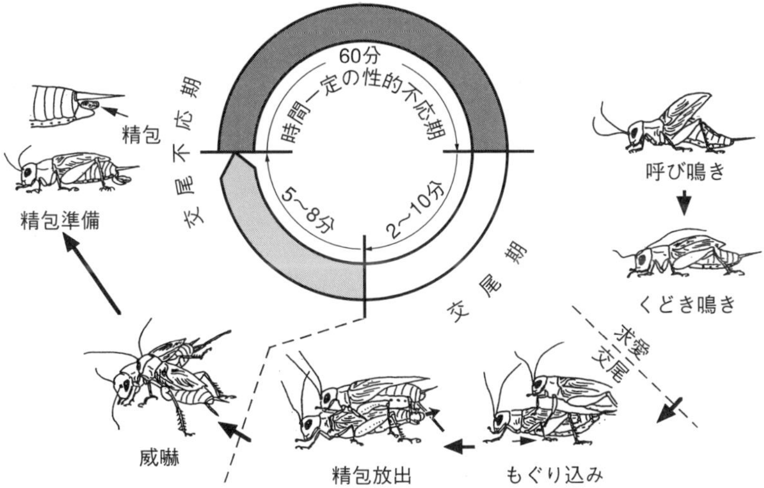

図　フタホシコオロギ交尾サイクル　Ureshi と Sakai（2001）より改変

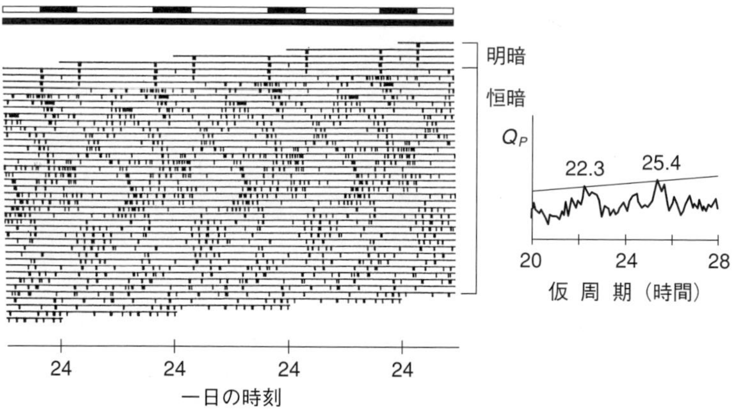

図5・7　アカイエカ活動リズムにみられる複数のリズム成分
□は明期，■は暗期．武田（1992）より改変

れるのかもよくわかっていない．しかし，いくつか仮説が提出されている．その一つは，ウルトラディアンリズムをつくりだす振動体が存在するとするものである．テトラヒメナ（*Tetrahymena pyriformis*）の呼吸やヨツヒメゾウリムシ（*Paramecium tetraurelia*）の運動性や細胞分裂にみられるウルトラディアンリズムのように，温度補償性があることはそのことを支持している．

一方，複数の概日時計が互いに脱同調した結果，ウルトラディアンリズムが現れるという見方もある．たとえば，昆虫の中にはアカイエカ（*Culex pipiens pallens*）に代表されるように，朝方と夕方に活動する**双峰性**を示すものがいる．武田（1992）によれば，この朝方と夕方の活動は別々の時計によって制御されており，それぞれの時計はさらに複数個の時計が結合することによって構成されているという．恒暗条件においた場合，**図5・7**に示すようにそれぞれの振動体は別々に動きだし，そのため3つ以上の活動ピークが現れ，全体としての活動はウルトラディアンリズムのように見える．このアクトグラムからはピリオドグラムにより22.3時間と25.4時間の2つの成分が検出されたが，長周期成分はさらに夜明けのピークと日暮れのピークに対応した2つの成分からなる.

他方，振動体の存在を仮定しないでも，その生理機構それ自体の性質として周期性が現れるという仮説もある．リズムはその生理反応系それ自体がもつ**カオス的**な性質によって現れるもので，それゆえに内因的なものであるというのである．ウルトラディアンリズムは周期のばらつきが大きいのが特色の一つであるが，カオス的な振動であるという仮説はこの特色をもよく説明する.

環境にもこのような短い周期に対応したサイクルが存在することが報告されている．たとえば，地殻には約10ヘルツの振動があるし，地磁気にも約10分周期の変動がある．生物リズムは環境サイクルへの適応として獲得されたと考えられているが，ウルトラディアンリズムにそのような適応的意味があるかどうかはわかっていない．ユーラシアハタネズミでは個体群で同期したウルトラディアンリズムを示し，いっせいに巣穴から地上に現れ採餌を行う．ウルトラディアンリズムはこの個体間の同調した行動に重要な役割を演ずることは明白である．この場合ウルトラディアンリズムが個体間で同調することが必要であるが，Gerkemaら（1993）は，概日時計が夜明けごとにウルトラディアン振動体をリセットすることを示唆している.

スポットライト6

カップリング仮説：短周期から長周期へ

ウルトラディアン振動体がカップルすることにより，概日リズムなどのより長い周期のリズムがつくられるという可能性が以前から指摘され，それを支持する実験的事実も報告されてきた．Jacklet（1973）によるアメフラシ（*Aplysia calfornica*）での研究を例にあげよう．アメフラシは視神経の電気活動に明瞭な概日リズムを示し，それを制御する概日時計は網膜にある．彼は網膜を少しずつ切り取ってゆき，どこに概日時計の本体があるのかを明らかにしようとした．ところが，網膜を切り取ってゆくと，ある大きさまでは約24時間周期の振動があるが，それ以上切り取るともはや24時間周期はみられず，ずっと短い数時間の周期が現

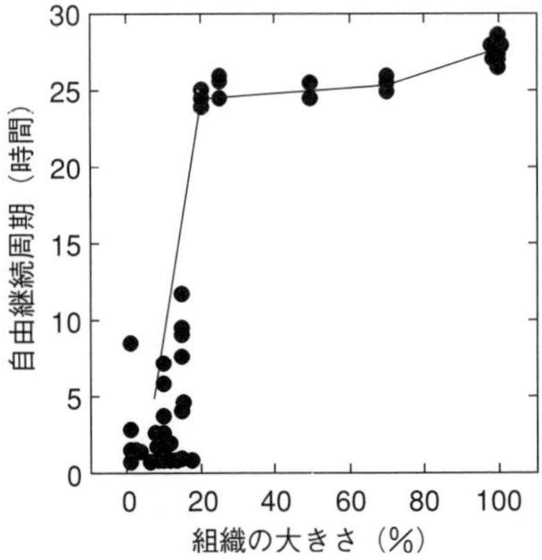

図 アメフラシ網膜のサイズとリズムの周期との関係
Jacklet（1973）より改変

れるようになることを見いだした(図)．このことは，ウルトラディアン振動体が複数個結合することで概日振動がつくられることを示唆するものと考えられた．

キイロショウジョウバエでもこの可能性が一時大きくとり上げられたことがある．このハエの無周期突然変異体 per^0 の活動リズムを検出能力の高い周期分析の手法で解析すると，4〜12 時間の周期性が高頻度で検出された．ここから，ショウジョウバエの概日リズムはウルトラディアン振動体が結合することでつくられるという仮説が提出された（Dowse と Ringo，1987）．この仮説は，時計遺伝子の分子生物学的研究へも大きな影響を与えた．Balgiello ら（1987）は，*per* 遺伝子産物（PER）が膜タンパク質で細胞間のカップリングに関係していること，また唾腺細胞間の電気的結合が per^0 突然変異体ではみられないことを『Nature』に報告し，この仮説を支持した．しかしその後，別のグループの研究により，PER は細胞質と核に存在する転写にかかわる因子であるということが明らかにされ，彼らは自らこの論文をキャンセルした．ウルトラディアン振動体と概日リズムとの関係は未解明の点が多い．今後慎重な研究により検討されねばならないであろう．

第6章
概日リズム

多くの生物が，その行動やホルモン分泌などに，昼夜の環境サイクルに同調した24時間のリズムを示す．これらのリズムの多くは，生物自身がもつ測時機構いわゆる概日時計によってつくられる内因性のものである．概日時計は，環境サイクルがない恒常条件下でも自律的に振動をくり返すが，光や温度等の環境因子に同調して，通常正確な24時間サイクルを示す．概日時計は環境の周期的な変化を**予知**し，生理的な状態をあらかじめ備えるという重要なはたらきをもつ．自律振動性や環境への同調性などはそのための重要な性質である．本章では，これら概日時計の性質を詳細に解説する．

6・1　外因性と内因性の区別

私たちの身の回りの多くの生物が，昼夜リズムを示す．たとえば，カタバミやネムノキなどの植物は，昼間は葉を大きく開いているが，夜には閉じてしまう．スズメは昼は活発に活動するが夜にはねぐらに帰って眠る．逆にコウモリは夕方から活発に飛び始める．このような**日周リズム**（diurnal rhythm）には，生物が明暗のサイクルに直接的に反応して生ずる外因性（exogenous）のものと，**概日時計**（circadian clock）によって駆動される内因性（endogenous）の**概日リズム**（サーカディアンリズム，circadian rhythm）とがある．このどちらかを区別するには，その生物を光や温度などの環境を一定にした，いわゆる**恒常条件**に置き，活動や生理活性を記録してみればよい．このような条件でもリズムが継続すれば，そのリズムは約24時間の周期性，すなわち概日リズムということになるし，現れなくなれば外因性のものということになる．

図6・1はフタホシコオロギの歩行活動を記録したアクトグラムである．

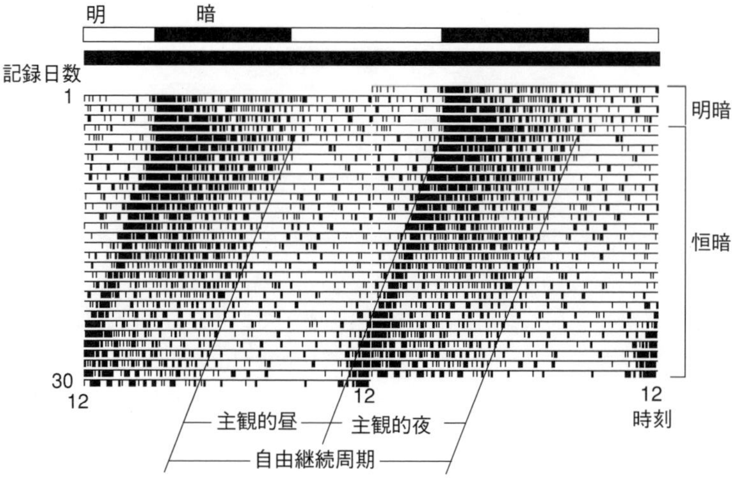

図6･1 フタホシコオロギの恒暗・恒温条件下での自由継続リズム

最初の5日間は明暗12：12のサイクル下での記録である．活動は暗期に集中し，このコオロギが夜行性であることを示している．6日目からは恒暗下において記録を行っている．24時間より少し短い周期で活動が自由継続することから，この活動リズムは内因性の概日時計によって駆動される概日リズムであると結論できる．この**自由継続リズム**（free-running rhythm）での活動が生じている位相は，もとの暗期に対応した位相であり，この生物にとっての夜，すなわち**主観的夜**（subjective night）と呼ばれる．また，休息期は**主観的昼**（subjective day）と呼ばれる．

6・2 自由継続周期

表6・1は，恒常条件下での概日リズムの自由継続周期をいろいろの生物で比較した値を示したものである．ご覧の通り，リズムの周期はどの種でもだいたい24 ± 4時間の範囲に入る．この周期はかなり正確で，一個体について調べると誤差はわずかに数パーセントにすぎない．24時間という長い

スポットライト 7

砂時計型時計と減衰振動体

環境サイクルの下で現れていた生理的リズムが，恒常条件に置くと1サイクルのみ現れその後みられなくなる場合や，数サイクルのうちに急速に振幅が減衰しやがて周期性がみられなくなってしまう場合がある．例えばオーストラリアエンマコオロギ（*Teleogryllus commodus*）は，視葉を切除後も温度サイクルに同調したリズムを示すが，温度を一定にすると数サイクルのうちにリズムが不明瞭となる．Rence と Loher（1975）は，この背後に急速に減衰する振動体を考えている．一方，ソラマメヒゲナガアブラムシ（*Megoura viciae*）は恒常条件下で1サイクルのみ示す例である（Lees，1973）．長日では単為生殖で雌を産み，短日では雄と雌の両方を産むが，この虫は夜の長さを測っており，その長さが9.5時間以上で短日型の反応をすることがわかった．そこで，明暗8：60の暗期に光パルスを照射し，短日型反応を阻害する光感受相を調べたところ，暗期開始後8時間のみで効果が現れ，その後はまったく効果がみられなかった．もし光感受相が概日時計の制御を受けて現れるのであれば，32時間後，56時間後にも阻害効果が現れるはずである．この結果は，この虫の光感受相が砂時計型時計の支配を受けていることを示している．しかし，振動型の時計でも砂時計型の性質を表す場合がある．ウスグロショウジョウバエの羽化リズムは明期が12時間以上では見かけ上停止し，暗期に移すとCT 12から再び動き始める．このことは，羽化の概日時計が，明期が12時間以上の条件では暗期の長さを測る砂時計として働くことを物語るものである（Pittendirgh，1966）．したがって，砂時計型時計は，振動型時計がある条件の下で表す特徴の一つかもしれない．

時間を測る時計がこのように正確であることは驚くべきことであろう．代謝速度に基づく生理学的時間は体重の1/4乗に比例することが知られており (Schmidt-Nielsen，1984)，体重の重いものほど生理学的時間の流れは遅い (1・3節参照)．しかし，概日リズムの周期は体の大きさには無関係に，どの種でも24時間に近い値をもつ．合目的性という観点に立てば，このことは容易に理解できる．つまり，24時間という環境のサイクルに適応するた

表6・1 概日リズムの自由継続周期

種 名	リズムの類別	光条件	周期（時間）	出 典
ミドリゾウリムシ (*Paramecium bursaria*)	接合活性	恒暗	約24	Tanaka と Miwa，1996
フタホシコオロギ (*Gryllus bimaculatus*)	歩行活動	恒暗 恒明	23.9±0.03 25.8±0.15	Ikeda と Tomioka，1993
キイロショウジョウバエ (*Drosophila melanogaster*)	羽化 歩行活動	恒暗	約24 23.8±0.5	Konopka と Benzer，1971
アメリカザリガニ (*Procambarus clarkii*)	歩行活動	恒暗 恒明	22.3±0.84 24.8±0.27	De Miguel と Arechiga，1994
ブラインドケーブフィッシュ (*Astyanax mexicanus*)	遊泳活動	恒暗	24.2±0.74	濱田，1990
アフリカツメガエル (*Xenopus laevis*)	活動	恒暗 恒明	24.86±0.13 23.4±0.92	Harada ら，1998
サバクイグアナ (*Dipsosaurus dorsalis*)	歩行活動	恒暗	23.65±0.22	Janik と Menaker，1990
ドバト (*Columba livia*)	活動	薄明	23.45±0.07	Ebihara ら，1984
ゴールデンハムスター (*Mesocricetes auratus*)	輪回し運動	恒暗	24.45	Boulos と Morin，1985
ブタオザル (*Macaca nemestrina*)	活動	恒明 450 ルクス	23.57±0.54	Tokura と Aschoff，1983
ヒト (*Homo sapiens*)	寝起き	恒明， 自由 照明	24.9±0.5	Wever，1979
シアノバクテリア (*Synecochoccus* sp.)	光合成	恒明	24.2±0.16	Kondo ら，1994
アカパンカビ (*Neurospora crassa*)	分生子形成	恒暗	21.6	Pittendrigh ら，1959
インゲンマメ (*Phaseolus multiflorus*)	葉就眠運動		28.0±1.0	Leinweber，1956

めには，サイズに依存した生理学的時間のような測時系は不適当であり，より物理的時間に近い測時系を必要とするからである．しかし，どのようにしてこの24時間のしかも正確な測時が行われているのかという問いに関しては，依然として答えるのは難しい．

一方，この自由継続周期は外的・内的因子によって変化するものでもある．後述するが，光や温度などの環境条件は周期に影響を与える外的因子である．それ以外に，記録装置に依存した変化の例がある．たとえば，ゴールデンハムスターでは回転輪を入れた場合には入れない場合に比べて周期が長くなることが知られているし（Aschoff ら，1973），コシジロキンパラ（*Lonchura striata*）では隠れ家を置いた場合には置かない場合に比べて周期が短い（Aschoff ら，1968）．内的要因の例としては，マウスではテストステロンが周期を短くすることが知られているし（Daan ら，1975），ゴールデンハムスターでは加齢と共に周期が短くなることが知られている（Pittendrigh と Daan，1974）．

生物の概日リズムの周期は約 24 時間であって，決して正確に 24 時間ではない．この理由は，Pittendrigh（1981）によって次のように説明されている．概日時計の重要な働きは，環境サイクルへ同調し，適切な時刻に適切な行動や生理的活動を生じることにある．したがって，同調したときの環境サイクルと概日リズムとの**位相角**（Ψ）が安定していることが重要な意味をもつ．しかし，この位相角関係は環境サイクルの周期（T）と概日時計の自由継続周期（τ）が近いときに非常に不安定となることが計算機シミュレーションの結果から示された．τ のわずかなふれが大きな Ψ の変化となって現れてしまうのである．Pittendrigh（1981）はこの結果に基づいて，生物が 24 時間からある程度離れた τ を獲得したと想像している．また，24 時間に近い周期をもつ場合は誤差の小さい，より正確な時計が要求されると予想したが，このことは実験結果（Aschoff ら，1971；Pittendrigh と Daan，1976）によっても示されている．

6・3　温度補償性

周期が温度の影響を受けにくいことは，概日リズムの重要な性質の一つである．化学反応速度は，一般に温度が 10 °C 上昇すると約 2〜3 倍になる．温度 T_{mp1}, T_{mp2} のときの反応速度をそれぞれ R_1, R_2 としたときのこの関係

表 6・2 概日リズムの温度補償性

生物名	リズム	温度範囲(°C)	周期の範囲(時間)	Q_{10}	出典
ミドリムシ (*Euglena gracilis*)	走光性リズム	16.7-33	26.2-23.2	1.01-1.1	Bruce と Pittendrigh, 1956
アカパンカビ (*Neurospora crassa*)	分生子形成リズム	24-31	22.0-21.7	1.03	Pittendrigh ら, 1959
インゲンマメ (*Phaseolus multiflorus*)	葉の就眠運動	15-25	28.3-28.0	1.01	Leinweber, 1956
フタホシコオロギ (*Gryllus bimaculatus*)	活動リズム	20-30	22.7-24.2	0.94	Ikeda と Tomioka, 1993
トカゲの一種 (*Lacerta sicula*)	活動リズム	16-35	25.1-24.6	1.02	Hoffmann, 1957

は，次の式で表される．

$$Q_{10} = \left(\frac{R_2}{R_1}\right)^{\frac{10}{T_{\mathrm{mp2}} - T_{\mathrm{mp1}}}} \tag{6.1}$$

生物の体内で起こる生化学反応も同様にこの一般則に従っている．たとえば，コロラドハムシ（*Leptinotarsa decemlineata*）の酸素消費量は 15 °C で 126 μl/g/時間，25 °C では 290 μl/g/時間であるので，$Q_{10} = 2.30$ となる．しかし，概日リズムではこのような温度に依存した周期の変化は一般に非常に小さく，Q_{10} は 1 に近い値を取ることが知られている（**表 6・2**）．このように，おそらく生体内で起こる生化学反応を含んでいるにもかかわらず，温度による影響を受けにくいことから，この性質は**温度補償性**（temperature compensation）と呼ばれている．温度補償性は完全ではないから，周期はわずかに変化する．Aschoff（1979）は多くの動物で温度に依存した周期変化を解析し，脊椎動物，無脊椎動物を問わず，一般に昼行性動物では低温で高温より周期が長くなること，夜行性動物ではその逆の関係が成り立つことを示している．

温度補償性の機構はまだよくわかっていないが，いくつかの仮説が提唱されている．その一つは，時計を構成する化学反応経路にたとえば A → B という反応と同時に，それを抑制する物質 C の合成が生じているとする．そうすれば，温度上昇により A → B の反応が加速されても抑制物質 C の合成も加速されるため，見かけ上の変化は生じないことになるというものである．膜周辺の水分子の性質をその原因とする仮説もある（Roberts，1990）．界面近くの水分子の性質はある範囲で温度変化に対してずっと安定した状態を維持し，ある温度以上になると一時的に不連続に変化し，また安定な状態になることが知られている．概日時計に関係した重要な化学反応が細胞膜周辺で起こっていれば，それを取り巻く水分子の作用で，その反応速度は温度変化に対して安定であり，したがって時計の周期も温度に対して変化しないであろうというのである．

ところが，最近のショウジョウバエやアカパンカビ（*Neurospora crassa*）を用いた分子生物学的研究からは，温度変化により同一の時計遺伝子部位から異なる産物タンパク質がつくられることがわかり，このことが温度補償性にかかわるであろうと推察されている（Liu ら，1997）．一方，温度によってタンパク質分子の形状が変化することが温度補償性の一因であるという考えもある．温度補償性を完全に理解するためには，まだ今後の研究が必要である．

6・4 同 調 性

概日リズムは昼夜の環境サイクルに対して同調し，一定の**位相角関係**（phase angle relationship）を保つ．このとき，リズムを同調させる環境要素を**同調因子**（Zeitgeber）と呼ぶ．最も強い同調因子は多くの生物で光であるが，温度が重要な因子となるものもある．

光のはたらきには 2 つの側面が考えられる．一つは点灯・消灯の一過性のはたらきで，もう一つは点灯中の連続的な作用である．これら 2 つの要因がどのように同調にかかわるのかを明らかにするため，Pittendrigh と Minis（1964）は，明期の長さをいろいろに変えた**完全光周期**（complete photoperiod）と**枠光周期**（skeleton photoperiod）でのウスグロショウジ

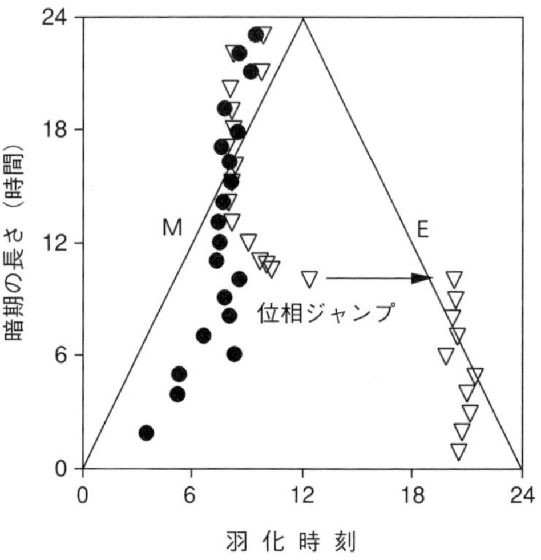

図6・2　ウスグロショウジョウバエの羽化リズムの明暗サイクルへの同調の位相角　●は完全光周期での，▽は枠光周期での羽化のピークを表す．MとEはそれぞれ点灯時刻と消灯時刻を表すが，枠光周期では短い光パルスが与えられるのみである．Pittendrigh (1981) より改変

ョウバエ（*Drosophila pseudoobscura*）の羽化リズムを測定した．枠光周期では，完全光周期の夜明けと日暮れにあたる時間に短い光パルスを与えた．結果を**図6・2**に示す．完全光周期では羽化のピークはどの光周期でも明期開始前後にある．枠光周期の場合は，パルス間隔が11時間くらいまでは完全光周期とよく一致していた．しかし，それ以降14時間までは完全光周期のピークから次第に遅れ，パルス間隔が14時間を越えると，もう一方のパルス間隔の短い方へジャンプした．この**位相ジャンプ**（Ψ-jump）は，ウスグロショウジョウバエの概日時計が常にパルス間隔の長い方を夜と読むことを示している．

枠光周期でもリズムを同調させることができるが，この完全光周期と枠光周期の結果に違いがあることから，光同調には光がパルス的に作用する**不連続同調作用（ノンパラメトリック効果，**nonparametric effect）と**連続同調作用（パラメトリック効果，**parametric effect）の両方が関与することがわかる．

同調時の位相角は同調因子の周期（T）と概日時計の自由継続周期（τ）との関係によって決まることが経験的にわかっている．相対的にτが長い

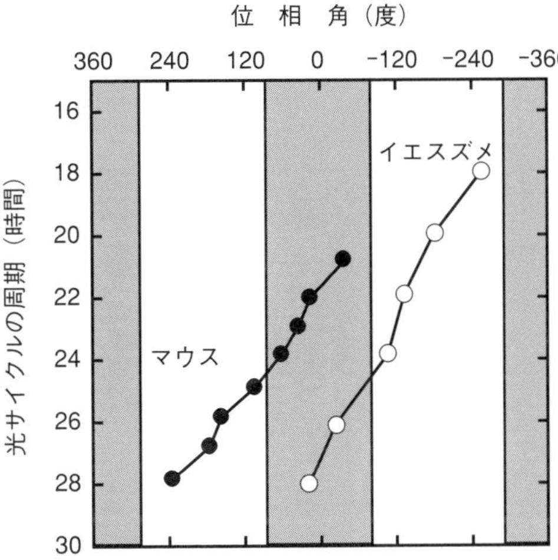

図6・3 イエスズメ（*Passer domesticus*）とマウスの活動リズムと光サイクルとの位相角差
光サイクルの周期が長いほど活動開始の位相が前進する．
Aschoff（1981）より改変

場合は位相の後退が，τ が短ければ位相の前進が生ずる（図6・3）．

明暗サイクルを数時間前進あるいは後退させると，リズムは通常ゆっくりと前進あるいは後退して，新しくセットされた明暗サイクルに再同調する（図6・4）．このときみられるゆっくりとした前進や後退などの不安定な期間を**移行期**（transients）と呼ぶ．同じ大きさの位相変位をさせた場合，移行期は通常，後退するときよりも前進するときの方が長いことが知られている．このことは，概日時計は位相後退する方がより早く環境サイクルへ同調できることを示している．

弱い同調因子に対しては，リズムは同調できないが，周期が同調因子との位相角に応じて変化する．図6・5はカマドコオロギでみられたその一例である．この例では，コオロギは恒暗下で25 °C 12時間20 °C 12時間の温度周期のもとに置かれ，その歩行活動が記録されている．活動相が高温期にあれば周期が比較的短くなり，逆に低温期では長くなる．このような環境サイクルとの位相角に依存したリズムの自由継続周期の変調は**相対的協調**（relative coordination）と呼ばれている．

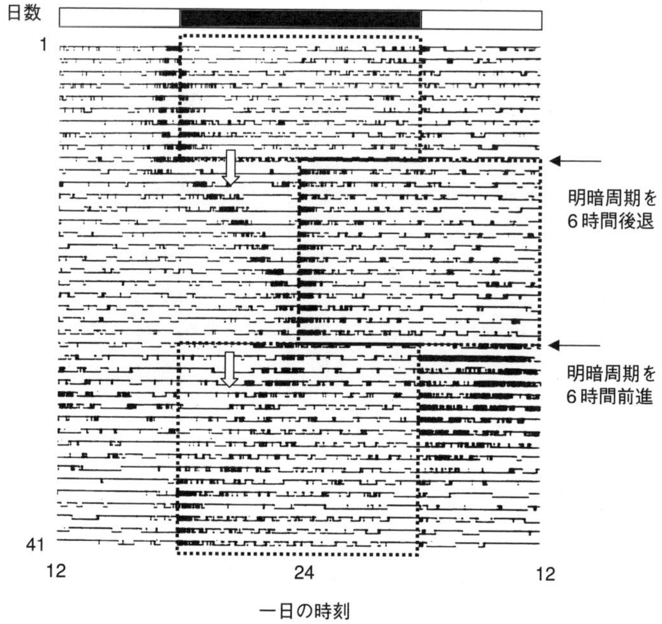

図6・4　光サイクルへの再同調時にみられるフタホシコオロギ活動リズムの移行期
白矢印は活動開始を，点線は暗期を示す．

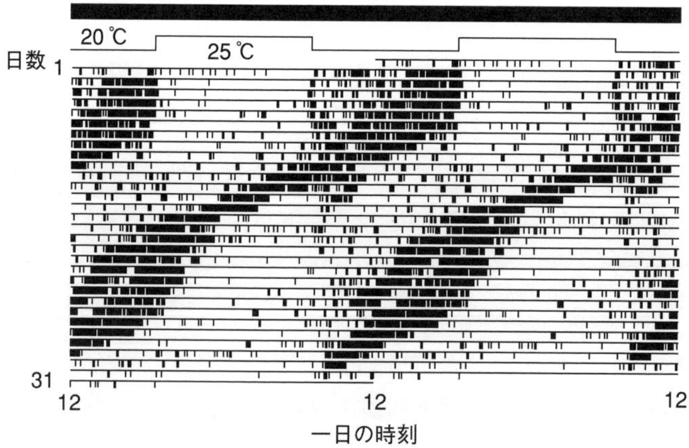

図6・5　カマドコオロギでみられた恒暗条件下での温度サイクルと活動リズムの相対的協調

6・5　照度依存性：Aschoff の法則

明暗サイクルへの同調性から，読者はすでに想像できると思うが，光は連続的に概日時計に作用し周期を変化させる．Aschoff（1960）はいろいろの動物で連続光の影響を調べた結果，脊椎動物に一般に成り立つ興味深い経験則を導き出している．それは**図 6・6** に示すように，昼行性動物では自由継続周期が恒暗より恒明で短く，恒明条件の照度が高くなるほど短くなるが，逆に夜行性の動物では恒明より恒暗で短く，照度が高くなるほど長くなるというもので，発見者に敬意を表して **Aschoff の法則**（Aschoff's rule）と呼ばれている．

Hoffmann（1965）はさらに，**活動時間帯**（α）と**休息時間帯**（ρ）の比

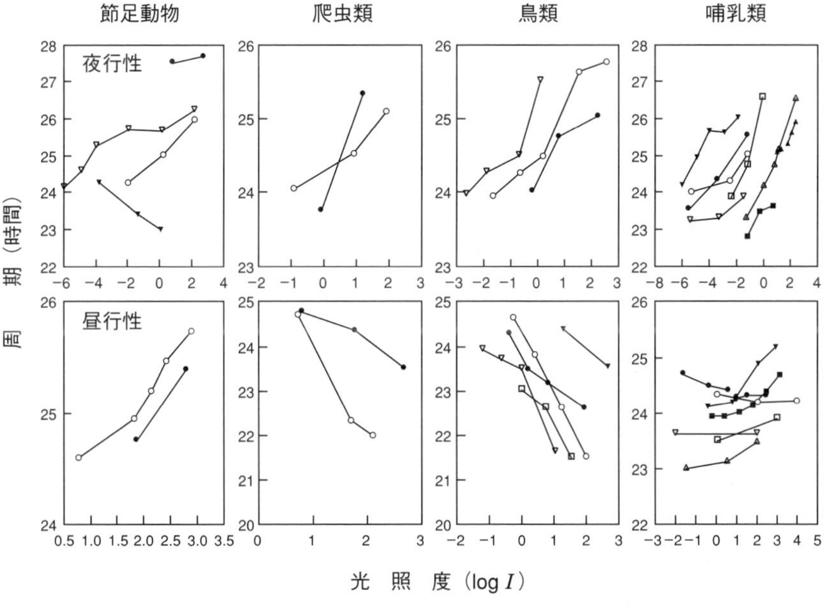

図 6・6　動物における照度の自由継続周期への影響
図中の直線で結んだ記号はそれぞれ１つの種についてのデータを示す．
Aschoff（1979）より改変

（**α/ρ-ratio**）と活動量も恒明の照度に依存して，昼行性の動物では照度が高くなるほど増加し，夜行性動物では減少することを報告している．彼は，周期の逆数である周波数をとれば，昼行性動物では，周波数，α/ρ-ratio，活動量のすべてが照度が高いほど増加し，逆に夜行性動物では減少する，とまとめられることを示し，これを**概日則**（circadian rule）と呼ぶことを提唱している．

これらの一般則は，すべての生物に当てはまるわけではないことに注意したい．節足動物では一般に昼行性・夜行性とは無関係に，恒暗条件下で恒明条件より周期が短くなることが知られている（Aschoff，1979）．

スポットライト 8

恒明は時計を停止するのか

多くの動物で，高照度の連続照明下に置くと活動リズムが消失することが知られている．**図A**はその一例として，200ルクスの恒明条件下でカマドコオロギの活動を記録したアクトグラムである．恒明条件（LL）下では活動は一日中にばらつき，周期性はまったくみられない．このような無周期性が，時計が停止していることを示すのかどうかについては，ずっと議論の対象となってきた．恒明下で無周期的活動を示しているカマドコオロギを恒暗条件（DD）に移すと，再び活動リズムが現れるようになる．多数の個体で解析したところ，活動ピークが現れる時刻は恒暗へ切り替えてから18～21時間ごろを中心に集中する傾向があった（**図B**）．このコオロギの自由継続周期は約23時間であるので，恒明条件では主観的昼の終りから夜のはじめ（CT 12）にかけての位相で時計が止まっていた可能性が高い．もし，恒明で活動には現れないけれども概日時計が動いていたとすると，個体ごとに自由継続周期が異なっているから，リズムの現れてくる位相がもっとばらつくはずである．

一方，時計が恒明下でCT 12付近で停止するように見えるのは，見かけだけであるという説もある．Pavlidis（1973）のリミットサイクルモデル（**図C**）では，$LL_1 \rightarrow LL_2 \rightarrow LL_3$と照度を高くすると，**図D**に示すようにリミットサイクルの軌道がだんだん小さくなりCT 12付近に収束してしまう．恒暗に移すと再び大きな

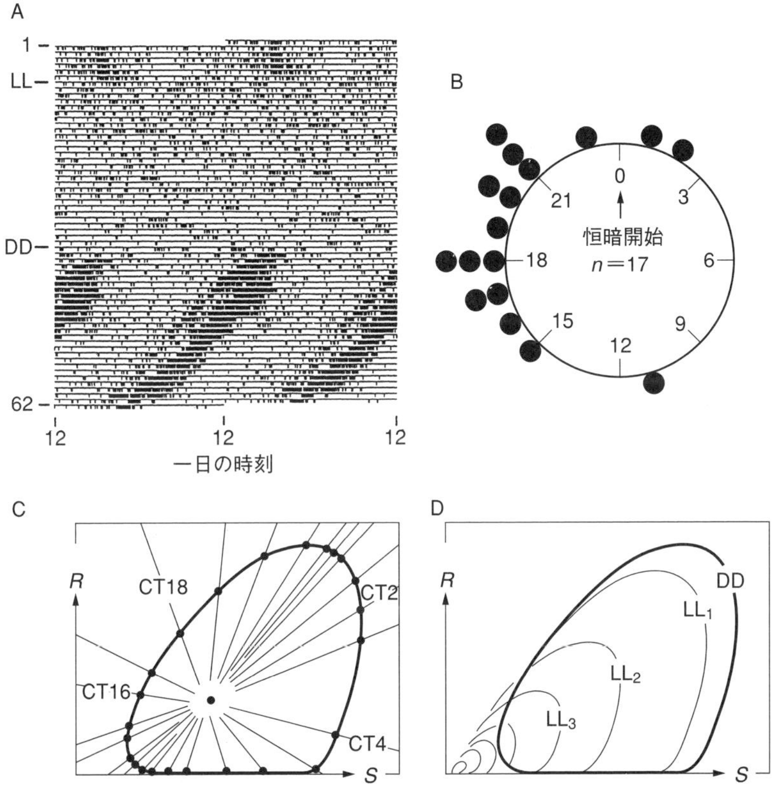

図　A：カマドコオロギの明暗，恒明（LL），恒暗（DD）下での活動リズム
B：恒暗で駆動したリズムの最初の活動ピークの位相　数字は恒暗に移行後の時間を示す．C：概日リズムのリミットサイクルモデル　D：リミットサイクルの軌道の照度依存性　*R* と *S* はリミットサイクルの状態変数．
A, B は Abe ら（1997）より改変，C, D は Pittendrigh（1981）より改変

軌道を描くようになるが，そのときには見かけ上 CT 12 付近から始まるように見えることになる．

ショウジョウバエを用いた分子生物学的研究から，時計遺伝子の一つ *period* の発現が恒明では無周期になるといわれているが，小さな振幅での振動と無周期とを見分けることは現状では難しく，議論はまだしばらく続くだろう．

6・6　位相反応曲線

不連続同調作用はいろいろな生物で詳しく解析されている．その手法は，恒暗条件下で自由継続している動物にいろいろの概日時刻に短い光パルスを与え，その際に引き起こされる位相変位を解析するというものである．**図6・7A** は，恒暗下で自由継続しているウスグロショウジョウバエの13の集団に，12時間の光パルスをいろいろな位相で一度だけ与えたときの羽化リズムの動きを示したものである．水平に一列に並んだ丸は一つの集団の羽化ピークの中点の時刻を示す．羽化は光パルスを与える前には主観的夜明け（CT 0付近）に起こるが，主観的夜の後半に与えられた光パルスにより，数サイクルの移行期を経て数時間の位相前進が，一方夜の前半では位相後退が生じている．位相変位量を，光パルスを与えた概日時刻に対してプロットすると，**図6・7B** に示すような**位相反応曲線**（phase response curve）が得られる．一般に，位相前進は正（＋）の，後退は負（－）の符号で表す．光に対する位相反応曲線はこれまでに200種を越える生物で得られているが（Johnson, 1990），ほとんどの生物に共通した次のような特徴をもつ．まず，位相変位が大きく起こるのは主観的夜であり，主観的昼の後半から夜の前半では位相後退が生ずる．一方，主観的夜の後半では位相の前進が起こる．主観的昼には明瞭な位相変位はみられない．

光パルスによる位相変位は定常期に達するまでに移行期を伴うのが一般的だが，概日時計それ自身は即座に位相変位を完了しているという仮説がある．Pittendrigh（1981）は，2つの光パルスを使ったウスグロショウジョウバエの羽化リズムの巧みな実験によってこれを検証している（**図6・8**）．彼は，1つ目のパルスを恒明から恒暗への切り替え4時間後（CT 16）に与え，その後いろいろな間隔で2つ目のパルスを照射して，位相反応曲線を求めた．単一パルスを用いた位相反応曲線から，CT 16での1つ目の光照射は，定常状態で約5.9時間の位相後退を引き起こすことが予測された．もし，1つ目の光照射が瞬時に定常状態の位相まで時計を後退させるのであれば，2

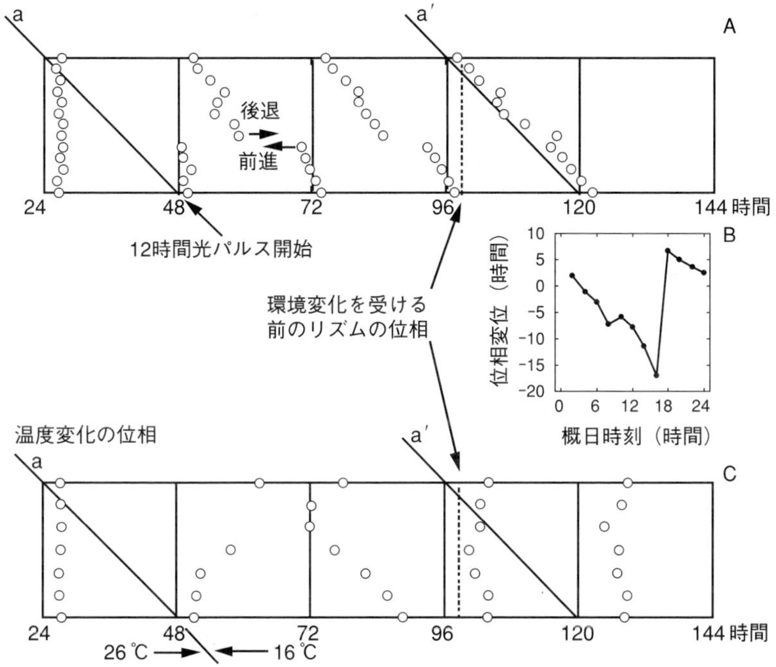

図 6･7　ウスグロショウジョウバエ羽化リズムのリセット
A：光パルスを一度だけ与えた場合のリズムのリセット．斜めの対角線 a は各集団に光パルスを与えた時刻を示す．3 サイクル後にはほぼ光パルスが与えられた時刻（対角線 a′）に羽化が生ずるようになる．B：図 A のデータから求めた位相反応曲線．C：温度のステップダウンによる位相変位．対角線 a は温度ステップダウンを起こした時刻を示す．図中の対角線 a′ は実際に環境変化が与えられた時刻(a)に対応する時刻を表すために補助的に引いたものである．Pittendrigh (1960) より改変

つ目のパルスによって得られる位相反応曲線は，単一パルスで求めたものから 5.9 時間位相が後退しているはずである．一方，位相変位が徐々に起こるのであれば，単一パルスでの位相反応曲線に近いものが得られるはずである．結果は，1 つ目のパルスで位相変位を完了していることを示すものであった．

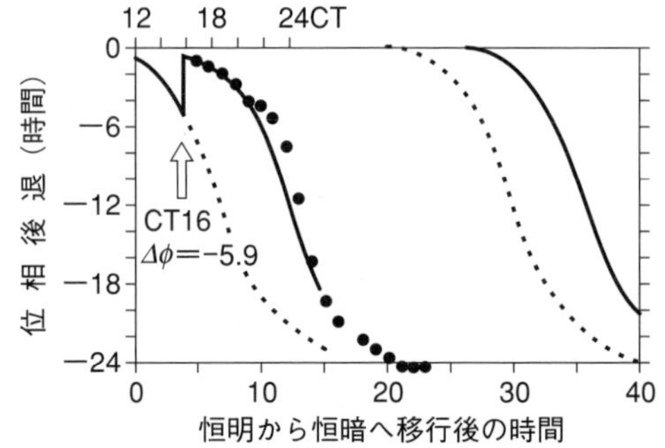

図6•8 ウスグロショウジョウバエ羽化リズムの即時的位相変位
1つの●は1つのショウジョウバエの集団に対応し，それぞれの●は2つ目のパルスを与えた時刻とそれによって生ずる位相変位の大きさをすべて後退に換算して表している．破線と実線は，それぞれ1つ目のパルスで位相変位がほとんど生じない場合の位相と，位相変位が完了した場合の位相を示す．
Pittendrigh（1981）より改変

移行期が存在する理由は，単一振動体でも理論的には説明が可能である（Klotter，1960）が，Pittendrighら（1958）によって次のように説明されている．ウスグロショウジョウバエには，光感受性の時計（**A振動体**）とは別に羽化を直接支配する振動体（**B振動体**）があり，このB振動体は光には感受性がない．A振動体は光に直接反応して同調し，B振動体を自分の位相へと同調させている．このB振動体がA振動体へ同調する過程が移行期として観察されると解釈するのである．また，温度の一過性の変化では一時的に羽化リズムの位相は変化するが，やがてもとの位相に戻ってくる（**図6・7C**）．このことからも，B振動体は温度に感受性をもつが，A振動体は温度に感受性をもたないため，主導的な役割をもつA振動体が元の位相を維持しており，それにB振動体が再同調すると解釈できる．

6・7　不連続同調作用

位相反応曲線から，光サイクルへの不連続同調が説明できる．まず単一の光パルスを周期 T で与えた場合の同調を考えてみよう．この場合，周期 τ の概日時計が周期 T の光サイクルに同調するには，次のような関係式が成り立つ必要がある．

$$\Delta\phi = \tau - T \tag{6.2}$$

$\Delta\phi$ は，時計が光サイクルに同調するために，光パルスによってサイクルごとに引き起こされる位相変位量である．ウスグロショウジョウバエの羽化リズムでは τ は約 24 時間である．T を 21 時間とした場合には $\Delta\phi$ は 3 時間，27 時間とした場合には -3 時間となる．したがって，安定な同調はそれぞれ 3 時間の位相前進または位相後退をひき起こす位相に光が当たることで成立すると予測される（図 6・9）．この予測は実際の実験結果ともよく一致する（Pittendrigh，1981）．このように位相反応曲線から，(1)光パルスの当たる位相と(2)パルス後の時計の動きとが予測可能である．さらに，位相反応曲線からはもう一つ，(3)同調できる限界の T（同調限界；limit of entrainment）を推定することもできる．

$$T_{\max} = \tau - (-\Delta\phi_{\max}) \tag{6.3}$$

$$T_{\min} = \tau - (+\Delta\phi_{\max}) \tag{6.4}$$

ただし，$-\Delta\phi_{\max}$ と $+\Delta\phi_{\max}$ の値は位相反応曲線の傾きが 0 〜 -2 の範囲でのものとする．ウスグロショウジョウバエの羽化リズムでは $-\Delta\phi_{\max} = -4.5$ 時間，$+\Delta\phi_{\max} = 5.5$ 時間であり，したがって，$T_{\max} = 28.5$ 時間，$T_{\min} = 18.5$ 時間と推定される．実際の実験でもこのことが示されている．

6・7・1　周波数非増加

上に述べたように，位相反応曲線から単一光パルスの周期には同調限界がある．ではこの限界を超えた周期のサイクルを与えた場合どうなるのか．し

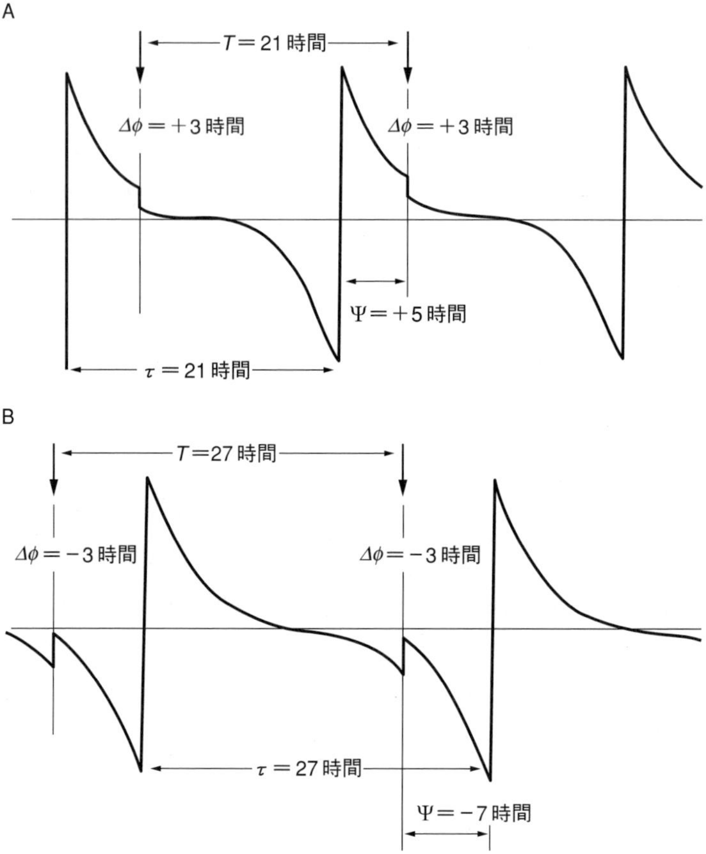

図 6・9 ウスグロショウジョウバエ羽化リズムの 21 時間間隔(A)および 27 時間間隔(B)の単一光パルスに対する同調 リズムの位相は位相反応曲線で表されている．Pittendrigh（1981）より改変

ばしば，同調限界外の周期にも概日リズムは同調することができる．しかし，その場合には同調因子の周期 T とリズムの周期 τ とは一致しない．たとえば，12 時間間隔で光パルスを与えた場合には，リズムはパルス 2 回を 1 サイクルと読むように同調するのである（**図 6・10 A**）．さらに，明暗 2：2 のような同調限界を超えた短いサイクルの光周期を与えた場合には，**図 6・**

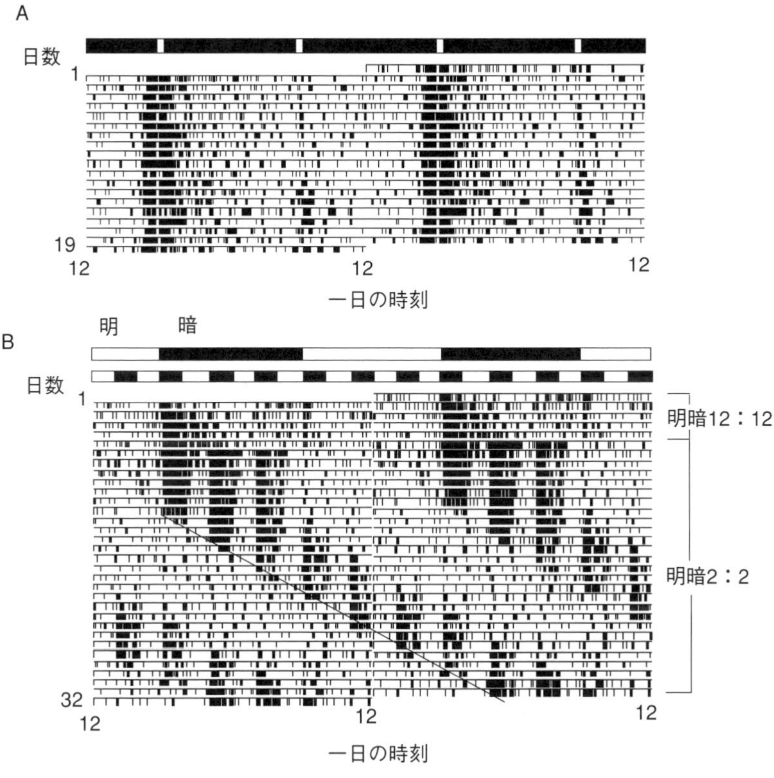

図 6・10 フタホシコオロギ概日活動リズムにみられる周波数非増加

10 B にみられるように，24 時間に近い周期で自由継続するようになる．このように，同調因子の周波数が増加しても，リズムは約 24 時間周期を保ち続け，決して周波数が増加したりはしない．この現象を，**周波数非増加**と呼んでいる．

6・7・2 枠光周期による同調

1 サイクルに 2 度の光パルスが与えられる枠光周期への同調を考えてみよう．この場合には 1 度目と 2 度目のパルスによりそれぞれ $\Delta\phi_1$，$\Delta\phi_2$ の位相変位が引き起こされる．そして同調が成立する際には，この位相変位の和

すなわち $\Delta\phi_1 + \Delta\phi_2$ が，$\tau - T$ に等しくなるはずである．

ここで，再びウスグロショウジョウバエの羽化リズムを例にあげて，2つのパルス間隔を16時間と8時間とした場合を考えてみよう．この場合には最初のパルス間隔を16時間とするか8時間とするかの2通りがある．まず，最初の間隔を8時間とした場合をとり上げる．

最初のパルスをCT 21に与えたとすると，最初約5時間の位相前進が起こる．したがって8時間後の2つ目のパルスはCT 10ごろに当たることに

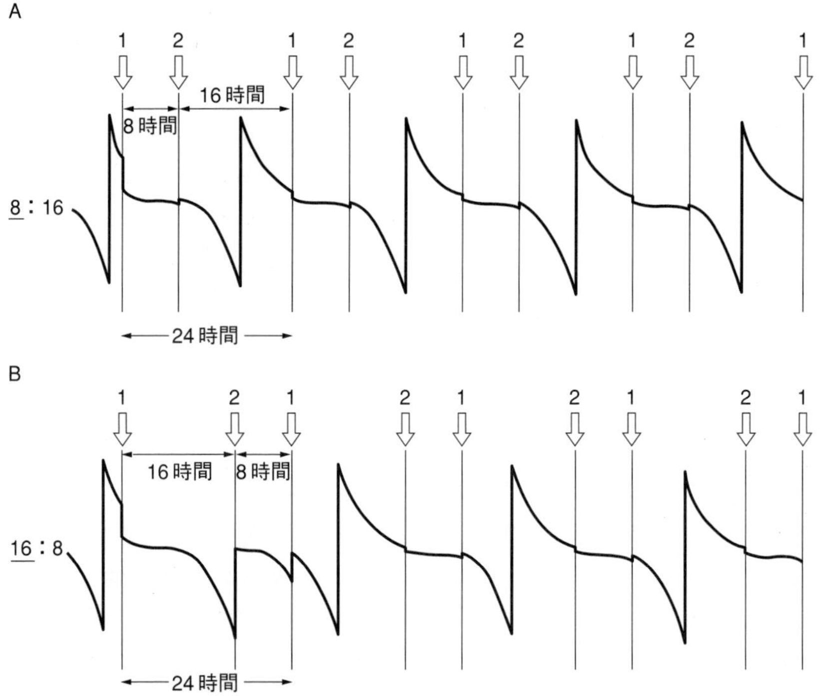

図6•11 24時間に15分の光パルスが2回与えられた枠光周期へのウスグロショウジョウバエ羽化リズムの同調機構

リズムの位相は位相反応曲線で表されている．パルス間の間隔は8時間と16時間で，最初のパルスはCT 21に与えられたが，2つ目のパルスとの間隔がAでは8時間，Bでは16時間である．Pittendrigh（1981）より改変

なり，わずかな後退を引き起こす．次のパルスは16時間後だから，CT 2〜3に当たり，わずかな前進を生ずる．これでほぼ同調が成立することになる（**図6・11 A**）．一方，最初に16時間の間隔でパルスを与えた場合は**図6・11 B**に示すように，1つ目のパルスはCT 21だから約5時間の位相前進が起こることに変わりはない，しかし2つ目のパルスは16時間後だから，CT 18ごろに当たることになり，12時間近い位相後退が生ずる．したがって，次のパルスはCT 14に当たることになり，4時間の位相後退が生ずる．その16時間後のパルスはCT 2に当たることになり，ここからは長い16時間の間隔に主観的夜が入るようになり，最初に8時間の間隔を与えた場合と同じ結果になる．この結果は，なぜ長いパルス間隔を夜と読むように枠光周期で羽化リズムが位相ジャンプ（図6・2）するのか，ということを説明するものである．

6・8 生得性

概日リズムは生まれながらにもっているいわゆる生得的なものなのか，それとも生物が生まれた後，昼夜のリズムを経験することによって獲得される後天的なものなのであろうか．この疑問に答えるには，生まれてからまったく昼夜リズムを経験させないでおいた動物の活動を，恒常条件下で測定してみればよい．

図6・12は，産卵直後から恒暗条件下に置き，孵化直後から恒暗条件で活動を記録したフタホシコオロギの活動記録である．このコオロギは一度も明暗サイクルなどの日周期を経験していないのに，その活動には明らかに約24時間の周期性が現れている．これは，概日リズムがコオロギの体内に遺伝的に組み込まれたプログラムによることを物語っている．このような**リズムの生得性**は，昆虫のほかに，哺乳類でも証明されている．

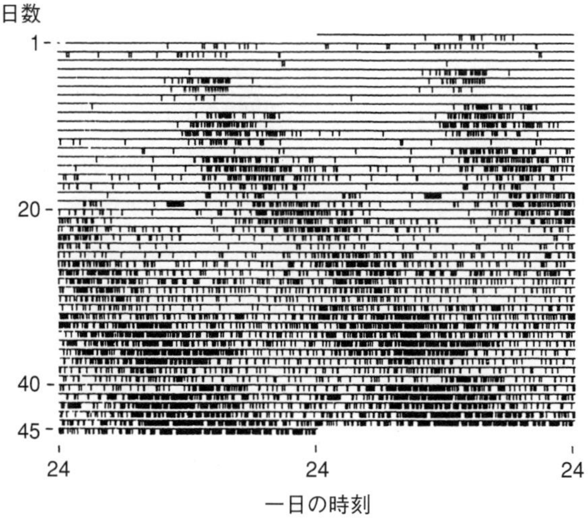

図6・12 フタホシコオロギ幼虫の孵化直後からの活動リズム

6・9 季節への適応と履歴現象

概日リズムは生得的なものであるが，また，環境の影響を受けるものでもある．このことは，時計が環境への時間的な適応のために備わった生理機構であることと表裏の関係にある．とくに温帯域に生息する生物は地球の公転に伴う季節変化，すなわち日長変化に適応することが要求される．夜行性の生物は日暮れと共に活動し，夜明けごろに休息するので，一日に2度日暮れと夜明けに光パルスを受け，2つのパルスからなる枠光周期により同調することになる．季節と共に日没と日の出の間隔は変わるので，光を受ける概日時計の位相も必然的に毎日ゆっくりとではあるが変化することになる．したがって，光による位相変位量も日ごとに変わることになる．このような状況の下で，どのようにして，夜行性動物は光へうまく同調するのだろうか．夜行性動物は，一年中を通して日暮れ近くに活動を開始する（図3・5参照）．夜行性のネズミ目の動物は，位相反応曲線の位相後退が位相前進よりも大きいことと，自由継続周期が短いことによって，この関係を成り立たせている．つまり，周期が短いのでいつも主観的夜のはじめに光が当たり，位相を後退させることで一定の位相角を保つのである（Pittendrigh，1981）．

逆に，昼行性の動物は通常夜明けごろに活動が開始する．これは夜行性動物とは逆に，長い自由継続周期と，位相反応曲線の位相前進部分が大きいことで可能となる．昼行性動物は昼の間連続的に光にさらされるので，明期の終りに時計はいつでも CT 12 にリセットされることになる．したがって，明期開始時に大きな位相前進による位相のリセットが必要となるのである．

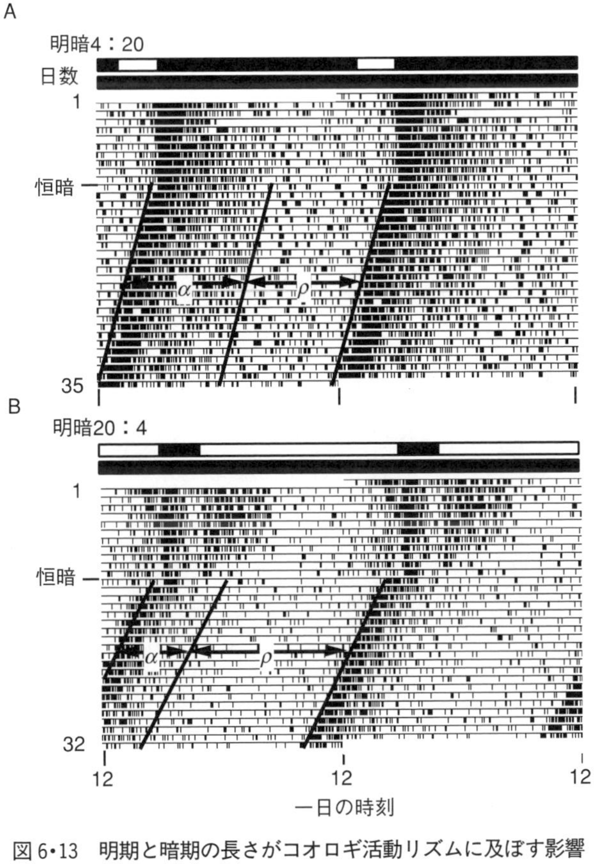

図 6・13　明期と暗期の長さがコオロギ活動リズムに及ぼす影響
α，活動期；ρ，休息期．

一方，この日長変化に適応するために概日リズムはその波形も変化させている．**図6・13**には一例として，フタホシコオロギの活動リズムの波形変調を示している．この変化には2つの要素がある．一つは，外因的な要素で，たとえば**図6・13 B**の明暗下での明期前半に現れる活動がそれである．このことは，恒暗条件下に移されるとただちにそれが消失することからわかる．このような，光に直接反応して活動が誘発されたり逆に抑制されたりする現象は，**マスキング効果**（masking effect）と呼ばれている．もう一つは，概日時計に起因すると思われるリズムそれ自体の変化であり，**履歴依存性**（history dependence）と呼ばれている．この例では，明暗20：4に10日間置かれていたコオロギの恒暗下での活動時間帯は，明暗4：20に置かれていたものに比べてずっと短くなっている．

高緯度地方にすんでいるマスの一種ブラウントラウト（*Salmo trutta*）は，明け方と日暮れに同調して起こる2つの活動成分をもつ．**図6・14**に示すように，冬には2つの活動成分の間隔が小さくなり昼行性となるが，真夏には逆に夜行性となる（Eriksson，1973）．その移行過程では，明け方と日暮れに活動する**薄明薄暮活動性**となる．同様の薄明薄暮活動性は昼行性の昆虫でもしばしばみられる．自由継続させた場合に，このような2つのピークはしばしば異なる周期で自由継続することが知られており，その背後には独立の振動体が関与する可能性が示唆されている（千葉，1972）．このように2つの時計が別々の周期で動くことを**脱同調**（desynchronization）と呼ぶ．

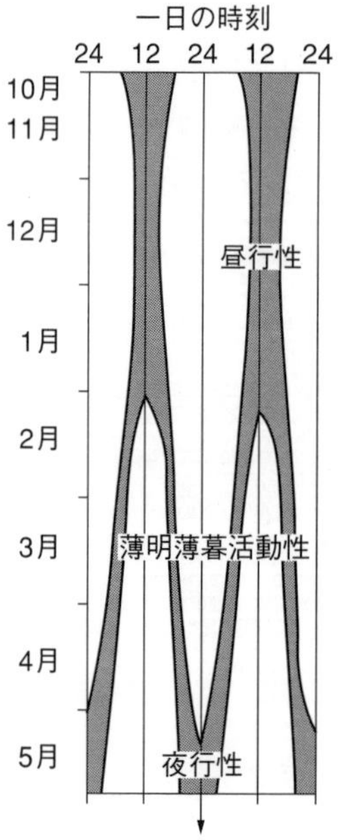

図6・14　北極圏に生息するブラウントラウトの活動リズムの季節変化　Eriksson（1973）より改変

一日の明暗比を変えると，それに応じて恒暗条件下での活動リズムの周期も変化することが知られている．たとえば，イエスズメ（*Passer domesticus*）の自由継続周期は明暗 6：18 に続く恒暗では 24.1 時間であるが，9：15 のあとでは 23.9 時間となる（Eskin，1971）．一方，明暗サイクルの長さを変えた場合も周期は影響を受ける．たとえば，マデイラゴキブリ（*Leucophaea maderae*）の歩行活動リズムの恒暗下での自由継続周期は，明暗 11：11 を経験したものでは約 23 時間，明暗 13：13 を経験したものでは 24.2 時間である（Page，1982）．このような周期の変化は，100 日を経過しても継続する場合がある．周期の**履歴依存性**はとくに**アフターイフェクト**（after-effects）と呼ばれている．

6・10 リズム分割

ハムスターやツパイなどの夜行性動物では，恒明条件に置くと活動リズム

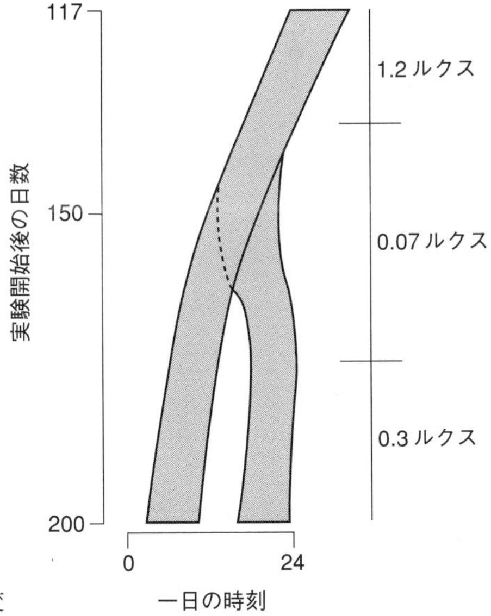

図 6・15 ツパイのリズム分割
Hoffmann（1971）より改変

が2つの周期成分に分割し，それぞれが初めのうちは異なる周期で自由継続し，やがて互いに180度の間隔で安定した位相角を保って自由継続するようになる（**図6・15**）（Hoffmann，1971；Pittendrigh と Daan，1976）．この現象を**リズム分割**（rhythm splitting）と呼び，リズムの背後に2つの別々の自律振動体があることを示唆するものと考えられている．通常，分割後早く起こる成分を**日暮れ成分**（evening component），遅い成分を**夜明け成分**（morning component）と呼び，それぞれを駆動する振動体を**日暮れ振動体**（evening oscillator），**夜明け振動体**（morning oscillator）と呼んでいる．これらの事実は，質的に異なる振動体が，日暮れと夜明けの活動を制御する可能性を示唆している．

6・11 時間の連続参照：定位行動と太陽コンパス

概日時計の時刻情報は連続的に発信されているらしい．生物はこの概日時計の時刻を読みとって行動に用いている．その一つの例が動物の**定位行動**にみられる．昆虫のあるものは，太陽や青空からの偏光に対して一定の角度を保って定位することが知られている．トビイロケアリ（*Lasius niger*）は太陽の位置を利用して直進することなどが知られている．また，セイヨウミツバチ（*Apis mellifera*）は蜜源の位置をよく覚えるが，この蜜源への定位も太陽を目印にした，いわゆる太陽コンパス定位（sun compass orientation）の一つである．このような例は，ホシムクドリ（*Sturnus vulgaris*）でも知られている．これらの動物では，太陽の動きを補正してこの定位ができることがわかっている．

Hoffmann（1960）のホシムクドリでの研究を例にあげて，体内時計による時刻補正を説明しよう．彼はホシムクドリを明暗サイクルの下で，南に置いた餌箱から餌をとるように訓練した．その後，明暗サイクルを6時間後退させ12〜18日後，餌をとる方角をテストした．元の明暗サイクル下では南は，午前9時には太陽から右に45度の方角になる，そして午後3時には太

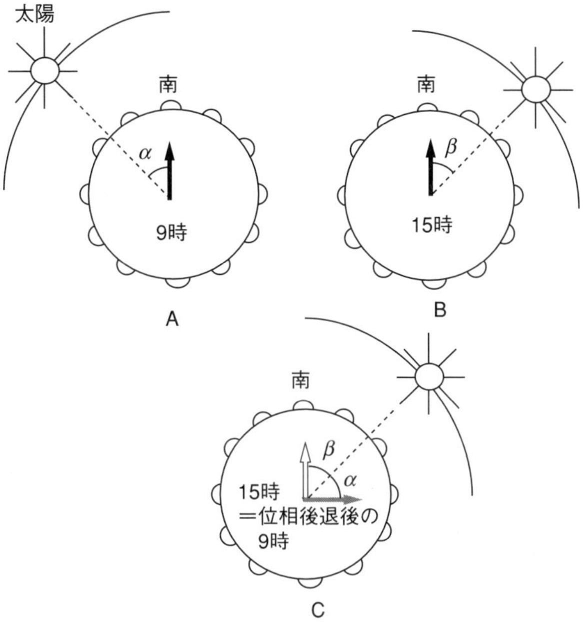

図 6•16　ホシムクドリの太陽コンパス定位行動にみられる体内時計による補正
黒矢印は定位の方向を，白矢印と灰色の矢印はそれぞれ体内時計を 6 時間位相後退させる前と後の定位の方向を示す．α と β はそれぞれ太陽からの角度を示す．Hoffmann（1960）より改変

陽から左に 45 度の方角となる．6 時間後退した明暗サイクルに同調されたムクドリでは，午後 3 時は主観的には午前 9 時となる．したがって位相後退後，午後 3 時のテストでは，あたかも午前 9 時であるかのように，太陽から右に 45 度に定位することが予想される（**図 6・16**）．結果は，はたして予想通りであった．このことは，太陽の動きを補償するしくみが明暗サイクルに同調する概日時計に依存していることを示唆するものである．

彼はさらにこのことを確かめるために，自由継続下での概日時計による補償を調べている（Hoffmann，1960）．まず，2 羽のホシムクドリを明暗サイクル下で一羽は北方向で，他の一羽を西方向で餌をとるように訓練した

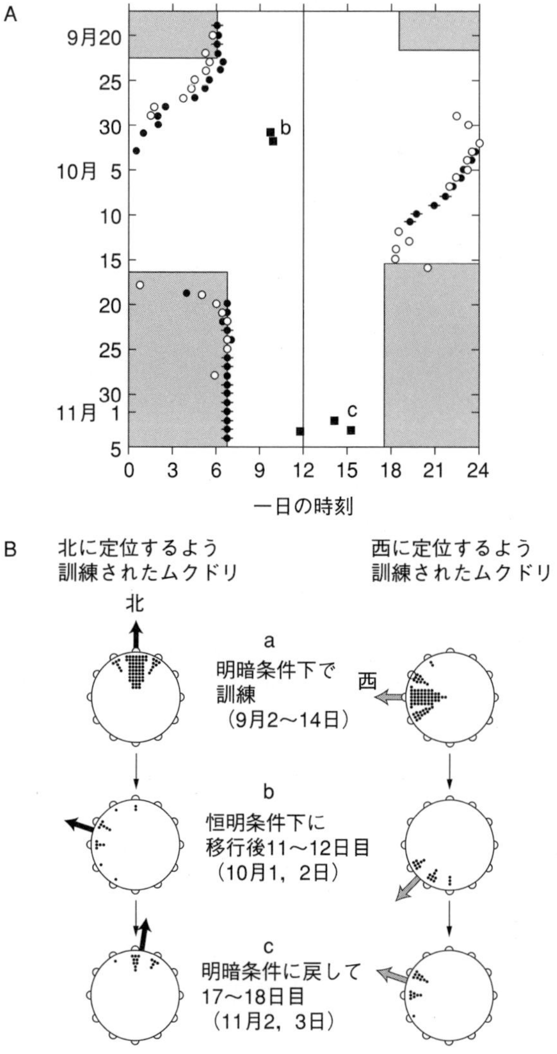

図 6・17　ホシムクドリの太陽コンパス定位行動への体内時計の関与の証拠

A と B はそれぞれ活動リズムと定位方向を示す．図 A の黒四角 b, c は定位行動を調べた時刻を示し，図 B の b, c にそれぞれ対応している．図 A の網かけ部分は暗期を示す．図 A の白丸は北に，黒丸は西に定位するようにそれぞれ訓練された個体の活動開始を示す．Hoffmann (1960) より改変後，薄暗い恒明条件下に置いた．同時に活動が記録された．温度は一定に保たれている．恒明条件では活動開始時刻が徐々に前進してゆき，自由継続周期が24時間よりやや短くなっていた（図6・17 A）．恒明に移して11日目と12日目に太陽光の下でどの方角を向くかが調べられた．2羽とも，訓練した方向より反時計回りの方向へずれていた（図6・17 B）．このずれの方向と大きさは，時計の自由継続による位相のずれから予想されるものであった．その後，時計を元のものからほんの少しだけずれた明暗サイクルに再同調させると，17日目と18日目のテストではほぼ訓練した方向，すなわち北と西を選択することがわかった（図6・17 B）．これらの結果は，概日時計が時々刻々変化する太陽の動きを補償することを明確に示すものである．

スポットライト9

ミツバチの時間記憶

いろいろの動物で，一日の時刻を決めて餌を与えるいわゆる制限給餌を行うと，動物はその時刻をよく記憶することが知られている．この時刻記憶もまた，概日時計が連続的に発振することを示す証拠であろう．セイヨウミツバチで最初にこのことに気づいたのはスイスの内科医Forelである．彼は，朝食のテーブルにいつも決まってミツバチが訪れること，しかもテーブルの上に餌となるものがまったくない日にもいつもと同じように現れることから，ミツバチが時間を記憶していると考えた（Forel，1910）．このミツバチの時間記憶は，Beling（1929）の有名な研究によって確かめられている．彼女は，個体識別したハチに，毎日同じ時刻に人工給餌場で砂糖水を与えて，その時刻に採餌に来るように訓練した．数日間訓練した後のある日，餌を置かないでやってきたハチの個体番号とそのときの時刻を記録したところ，ハチは毎日同じ時刻にやってくることがわかった．また，2時間以上の間隔を与えれば，一日のうちに2回以上餌場を訪れるように訓練できることも明らかにした．その一方で，24時間からかけはなれた周期では訓練することはできなかった．このことはミツバチの時間感覚が概日時計によることを強く示している．Renner（1955）は概日時計の関与を示す決定的な実験を行った．彼は，ミツバチをパリで朝方に餌場に来るように訓練し，そのハチを飛行機で一晩のうちにニューヨークに運び，翌日同じ条件下で採餌に来る時刻を調べた．ニューヨーク時刻はパリよりも5時間遅い．ハチは，訓練した時刻のちょうど24時間後，つまり現地時間では午前3時に餌場に訪れ，時間記憶が概日時計によることが証明されたのであった．

第7章 潮汐リズムとインフラディアンリズム

1日よりも長い周期をもつ周期性を**インフラディアンリズム**(infradian rhythm)と呼ぶ．代表的なものとして，大潮・小潮に対応した半月周リズム，月の満ち欠けに対応した月周リズムがあげられる．これらは，いずれも地球と月，太陽の位置関係によってもたらされる環境の変化に対応したものである．一方，同じように，これらの天体の位置関係によってもたらされる潮汐周期に関係した潮汐リズムがあり，これは周期が1日よりも短いのでインフラディアンリズムではないが，半月周リズムとともに潮汐に関係するため，本書ではこの章にまとめた．

7・1 潮汐リズム

7・1・1 潮汐周期

潮汐（潮の満ち引き）は，主として地球と月の位置関係で決まる．地球と月は引力で引き合いながら互いの周囲を回っている．しかし，地球の方がはるかに質量が大きいために，一見すると，地球が動かず月が地球の周りを回っているように見える．この回転の求心力によって月のある側の海水が引かれるために潮位が上昇して**満潮**になる．そして，同じ時間に地球の反対側も遠心力によって潮位が上昇して満潮になる．また，地球の中心と月を結んだ方向と90度の位置にある海面は，このとき潮位が下がって**干潮**となる．実際には，求心力・遠心力の影響が潮位変化に現れるまでに時間がかかるので，月が南中する時刻からかなり遅れて満潮になる．このようにして，多くの地域では潮汐は，地球が1回自転する間に満潮と干潮がそれぞれ2回みられる．そして，月は地球の周りを地球の自転と同じ向きに公転しているため，月が南中する時刻は毎日約0.8時間ずつ遅れてゆくので，潮汐の周期は約12.4時間となる．ただし，地形や海流などの影響があるため，すべての地域でこの潮汐の基本パターンがみられるわけではない（2・3節参照）．

7・1・2　概潮汐リズム

潮間帯（intertidal zone）に生息する生物にとって，環境は潮汐周期に従って大きく変動する．すなわち，満潮時には水没し，干潮時には干出する．このような生物の活動が，潮汐に伴う周期性すなわち**潮汐リズム**（tidal rhythm）を示すことは理解しやすい．しかし，潮上帯や潮下帯に生息する多くの生物の活動にも潮汐リズムがみられる．そして，これらの多くのものが恒常条件下で自由継続リズムを示す．すなわち内因性の**概潮汐リズム**（circatidal rhythm）が存在する．シオマネキの一種（*Uca pugnax*）で，潮汐の影響がなく，一定照度で，ほぼ一定の温度の下で活動の潮汐リズムが自由継続することが最初に示された（Bennet ら，1957）．シオマネキ類では1カ月，スナホリムシの一種（*Excirolana chiltoni*）では2カ月にわたって自由継続リズムが示され，その自由継続周期は潮汐の周期とは完全には一致していなかったので，内因性のリズムがあることには疑いの余地がない（Barnwell，1966；Enright，1972）．しかし，他の多くの動物の場合には，周期性は数日の間に減衰してしまった．このような場合を含めて，これまでに，渦鞭毛藻，繊毛虫，軟体動物（マキガイ綱・ニマイガイ綱），節足動物（甲殻綱・昆虫綱），脊椎動物（硬骨魚綱）において概潮汐リズムが報告されている．

一定の温度補償性を示すことは生物時計の重要な性質の一つである．概潮汐リズムにおいて温度依存性を調べた研究は少ないが，ワタリガニの一種（*Carcinus maenas*）の歩行活動リズムにおける自由継続周期は10 °Cと25 °Cの間で温度に依存しない（Naylor，1963）．海底にすんでおり，決まった時間に海水中を遊泳する甲殻類のクマの一種（*Dimorphostylis asiatica*）の遊泳活動リズムの自由継続周期にも，10 °Cと15 °Cの間で有意な差はみられなかった（Akiyama，1995）．

さらに，生物時計の他の重要な性質として，外界の条件に同調することがあげられる．これまで，概潮汐リズムを同調させる同調因子としては，波に相当する機械的な刺激が最も重要とされてきた（Enright，1965）．このほかに，温度，塩分，水圧の変化なども同調因子としてはたらくと報告されている（Akiyama，1997を参照）．

7・1・3　概日時計と概潮汐時計

以上のように，多くの動物が内因性の概潮汐リズムを示すが，専用の**概潮汐時計**（circatidal clock）というものが存在するかどうかは明らかではない．なぜなら，潮汐のおよそ2倍の周期をもつ2つの時計が，互いに180度ずれた位相関係を保つことによって，潮汐リズムをつくりだすことが可能だからである（Klapow，1972）．潮汐周期のおよそ2倍というのは概日時計の周期とほぼ等しいので，2つの概日時計の組み合わせによって潮汐リズムをつくりだすことができる．あるいは，概日時計において1周期に2回のピークをもつような活動の出力がみられることは，ゴキブリの活動リズムなどで知られているので（Wiedenmann，1980），概日時計を少し長い周期に同調させることによって潮汐リズムと同じような活動パターンをつくりだすことも可能である．

概潮汐リズムをもたらす時計の解剖学的所在に関する研究はこれまでにほとんどない．ワタリガニの一種（*C. maenus*）を実験室の一定条件に移すと活動に周期性がみられなくなるが，身体を冷却することによって活動に概潮汐リズムがみられるようになる．このカニの眼柄（eyestalk）だけを冷却することによっても，活動の概潮汐リズムがみられるようになったことから，眼柄が概潮汐リズムをもたらす時計と密接な関係があると指摘された（NaylorとWilliams，1968）．ヨコエビの一種（*Corophium voltator*）は遊泳活動に概潮汐リズムを示し，この場合にも低温が同調因子としてはたらく．HarrisとMorgan（1984）は，身体全体を冷やした場合だけではなく，脳あるいは食道下神経節付近を局所的に冷却した場合にも位相変位がみられることを報告した．そして，身体の中央部分や尾部を冷却してもこのリズムに何ら効果はなかった．また，複眼の除去はこのリズムに影響しなかった．この結果から，彼らは脳と食道下神経節の両方に概潮汐時計が存在すると結論した．しかし，この結果は，厳密には，頭部の複眼以外の部分にリズムの同調にかかわる「低温を受容する器官」があることを示しているだけである．ごく最近，アカテガニにおいて母親の視葉の部分切除が卵の孵化の概潮汐リズムに与える影響が検討され，その結果は，視葉の一部が概潮汐時計そのものか，あるいは時計の支配を受けて孵化に影響する出力系の一部であることを示している（Saigusa，2002）．

このように，概潮汐時計の所在を明確に示した研究はなく，同じ種において概日時計と概潮汐時計の位置を調べた研究もない．したがって，概日時計と概潮汐時計が別々に存在するという証拠はない．しかし，すでに述べたように，概潮汐リズムの同調因子としてこれまでに報告されているのは，機械的刺激，温度，塩分，水圧の変化などで，概日リズムの同調因子の代表が光の変化（明暗のサイクル）であるのとは対照的である．このことは，違った種類の時計の存在を示唆するものと考えられてきた．

甲殻類のクマの一種（*D. asiatica*）の遊泳活動リズムに関する実験結果から，この問題に対する一つの回答が提出された．この動物を，実験室の一定温度・恒暗条件に置かれた水槽で飼育すると，当初は1日に2回満潮に相当する時間帯に遊泳活動のピークを示すような自由継続リズムを示したが，10日以内に90％の個体が1日に1回のパターンに変化した（Akiyama，1995）．すなわち，前半は概潮汐リズム，後半は概日リズムを示しているかのような結果が得られた．そこで，Akiyama（1997）は，一定温度，全暗条件下で自由継続リズムを示している *D. asiatica* に，概日リズムの位相を変位させる光，概潮汐リズムの同調因子として知られる水圧の変化を与えて，このリズムの位相に与える結果を調べた．すると，はじめの1日に2回活動のピークが示されているところに水圧の変化を与えると，活動リズムの位相が大きくずれ（図7・1A,B），一部のものでは1日に1回活動のピーク

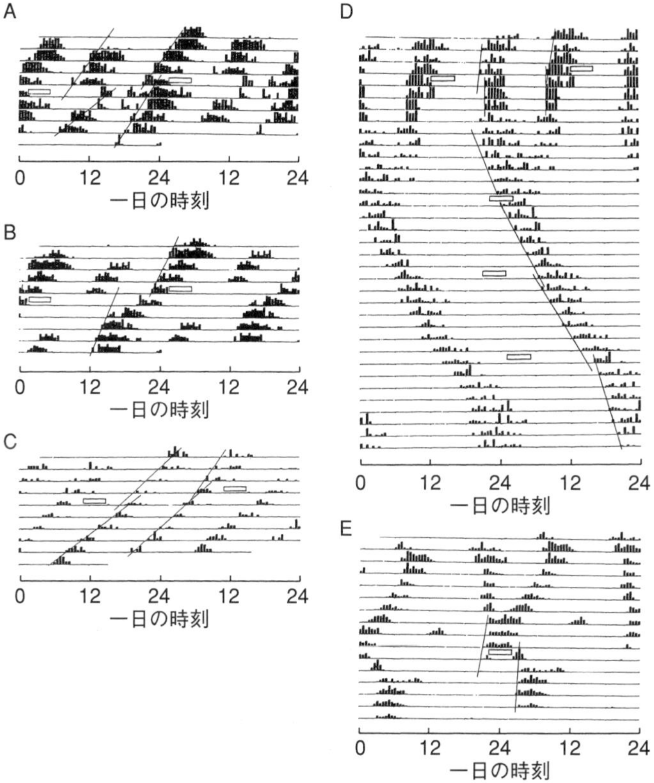

図7・1　甲殻類のクマの一種の遊泳活動リズムと，それに及ぼす水圧パルスおよび光パルスの効果

四角で囲んだ部分は，A，B，Dでは4時間の水圧パルス（ポンプによって水深3mに匹敵する水圧を与えた）を示し，C，Eでは光パルス（1000ルクスの光照射）を示す．Akiyama（1997）より改変

がみられる活動パターンに変化した（図7・1B）．しかし，1日に2回活動のピークが示されているところに光を与えても，リズムの位相にはずれはみられなかった（図7・1C）．したがって，同調因子に対する反応性からも，この1日に2回活動にピークのみられるリズムは概潮汐リズムと考えられた．一方，1日に1回活動のピークがみられるパターンに変化してから水圧の変化を与えても活動リズムの位相のずれはほとんどみられず（図7・1

D)，光を与えるとリズムの位相が大きくずれた（図7・1 E）．したがって，同調因子に対する反応性から判断すると，この1日に1回活動にピークのみられるリズムは概日リズムそのものであると考えられた．これまでに，概日時計によって概潮汐リズムがつくりだされるという考えはあったが，Akiyama（1997）は，初めてそれに実験的な根拠を提供し，概日時計が潮汐のある環境に適応した結果として，1日に2回活動ピークがみられ，概日時計とは異なる同調因子に反応する概潮汐リズムがもたらされていると推論した．

7・2 半月周リズム

7・2・1 大潮と小潮の周期

主として月と地球の位置関係によって潮汐の周期性がもたらされるが，太陽もまた潮汐に影響を及ぼす．すなわち，潮汐の振幅は月と地球，そして太陽の位置関係によって異なる．これら3つの天体が一直線上に並ぶとき，すなわち満月および新月のときには潮の干満は大きくなる．これを**大潮**と呼ぶ．一方，月と地球，太陽のなす角度が90度になるとき，すなわち上弦および下弦の月のときに潮の干満は小さくなる．これを**小潮**と呼ぶ（2・3節参照）．このことは，潮の干満が生活に大きな影響を及ぼしている生物の活動にとって重要な意味をもつ．大潮，小潮の周期は約14.8日であり，太陰暦の半月に相当するので，それに伴う周期性を**半月周リズム**（semilunar rhythm）と呼ぶ．

7・2・2 潮間帯生物の半月周リズム

潮間帯に生息する多くの生物の生殖に半月周リズムがみられる．ウミユスリカという昆虫において，この半月周リズムが詳しく研究されている．ほとんどの昆虫は海水中に進出しなかったが，ウミユスリカの幼虫は大潮の干潮線より少し下の海底で成長する．ヨーロッパ産の*Clunio marinus*では，大潮の午後の最干潮直前に羽化直前の蛹が水面に浮上し，まず翅をもった雄成虫が羽化する．そしてこの雄成虫は，雌の蛹から成虫が脱出するのを助け，翅をもたない雌成虫と交尾する．雌成虫は交尾後，その場所で産卵を行う．これらすべての過程が，再び海水に深くおおわれてしまうまでの数時間のうちに行われなければならない．この虫を，卵から実験室の一定の明暗サイクル（明暗 12：12）のもとで飼育すると，いずれの日にも同じように羽化するようになる．スペインの *C. marinus* の場合，明暗のサイクルに加えて人工月光（一晩中薄明りをつける）を 3～4 夜だけ与えることによって，集中して羽化するようになり，その後およそ半月周期で羽化がみられた．すなわち，このウミユスリカは，明暗のサイクルに加えて，月の満ち欠けに伴っておよそ 30 日の周期で変化する夜の明るさを内因性のリズムの同調因子として採用することにより，大潮の最干潮直前という半月に 1 回しか訪れない好適な時期にそろって羽化するのである（Neumann，1966）．

しかし，同じ *C. marinus* でも，ドイツの北海沿岸にあるヘルゴランド島のものでは，人工月光は羽化のリズムを同調させるのにほとんど効果がなかった（**図 7・2 A, C**）．そこで Neumann（1968）は，人工的に潮汐を与える装置を用いて，24 時間周期の明暗のサイクルに加えて 12.4 時間周期で水深を変化させるという条件でヘルゴランド島のウミユスリカを飼育した．すると，この条件下ではユスリカは集中して羽化するようになり，およそ半月周期で羽化のピークがみられた．したがって，潮汐が同調因子として重要な役割を果たしていると考えられたが，この実験では自然条件下で潮汐のもたらす変化のうち，照度，水圧，水が撹拌されることなどが実験室で再現されており，そのうちのどれが決定的な役割を果たしているのか明らかでない．そこで，Neumann（1978）は，ヘルゴランド島のウミユスリカ幼虫に明暗のサイクルに加えて機械的な刺激を 12.4 時間周期で与えた．その方法は，幼虫を飼育しているタンクの水を，モーターにつないだ水車でかき回すというものである．なぜなら，このウミユスリカの生息している環境では，波による音が海面下でも聞こえるが，この音の強さは潮の干満に伴って変化するか

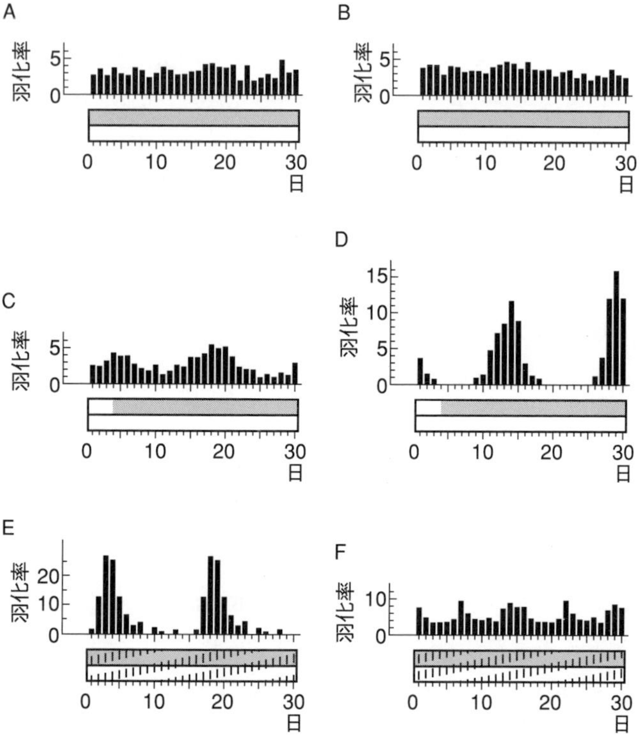

図7･2　ヘルゴランド島のウミユスリカの一種（*Clunio marinus*）（A, C, E）および下田のツシマウミユスリカ（B, D, F）における羽化の半月周リズムの同調機構

羽化率を示すグラフの下にある四角形は飼育条件を示す．A および B では，明暗のサイクル（明暗 12：12）のみを与えた．縦軸が一日の時刻を表し，白い部分は明期，灰色部分は暗期を示す．C および D では，明暗のサイクル＋0.3 ルクスの人工月光を最初の 4 日間与えた．E および F では，明暗のサイクル＋12.4 時間周期の機械的撹乱（縦棒）を与えた．Neumann（1985）より改変

ら，これを実験室で再現したのである．すると，やはりユスリカはおよそ半月の周期で羽化のリズムを示した（図7・2 E）．また，ヘルゴランド島など北ヨーロッパのユスリカを，24 時間周期の明暗のサイクルに加えて 12.4 時間周期で水温を変動させるか，あるいは 12.4 時間ごとに暖かい海水を与えて温度パルスを与えた場合にも，同様に羽化の半月周リズムがみられた．野

外で *C. marinus* の生息している環境でも，干潮時には水温が上がり満潮時には下がることから，潮汐周期の手がかりとして水温の変化を使っていると考えられた（Neumann と Heimbach，1984）．ヘルゴランド島のような高緯度地方では，月が地平線から高く上がらず明るさが不充分なうえ，夏季には太陽が地平線からそれほど低くならないため夜も真っ暗にならず，満月と新月の夜の照度差が小さい．したがって，月光は信頼できる同調因子とならないので，水の撹拌される音や水温の変化を同調因子として使っているのであろう．そして，水をモーターで撹拌する実験でも，温度パルスを与える実験でも，これらの刺激を途中でやめて，24 時間周期の明暗のサイクルのみの条件に移しても，それ以降半月周期で羽化がみられたので，北ヨーロッパのウミユスリカの羽化リズムにも内因性の時計がかかわっていることは間違いない．

日本の下田産のツシマウミユスリカ（*Clunio tsushimensis*）では，スペインの *C. marinus* と同様に，人工の月光によって明瞭な周期性がひき起こ

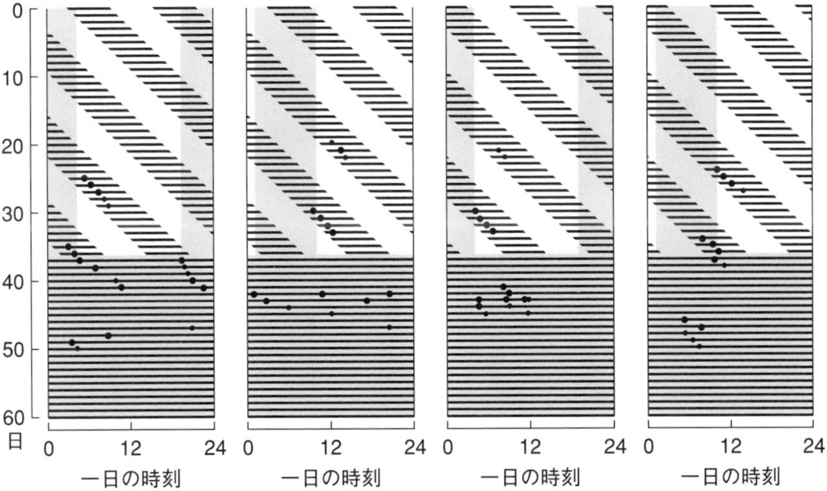

図 7・3　ヒザラガイの産卵に及ぼす明暗と水没・干出のサイクルの効果
網掛けは暗期，横線は水没を示す．●は産卵を表す．
Yoshioka（1989）より改変

され（図7・2 B, D），機械的な刺激は充分な効果を与えなかった（図7・2 F）（Neumann，1985）．

潮間帯にすむヒザラガイ（*Acanthopleura japonica*）は，大潮の満潮直前に配偶子放出を行う．夕方の満潮時にもある程度配偶子放出がみられるが，大部分は朝の満潮に集中している（Yoshioka，1988）．実験室において，明暗のサイクルに加え，人工的に潮汐を与える装置を用いて水没と干出のサイクルを与えることによって，この配偶子放出のリズムを同調させることができた．さらに，その後全暗で連続的に水没した条件に置くと自由継続リズムがみられた（図7・3）．したがって，ヒザラガイの配偶子放出における半月周リズムには，明暗のサイクルおよび水没と干出のサイクルによって同調する内因性の時計がかかわっていることが明らかになった（Yoshioka，1989）．

7・2・3 陸生生物の半月周リズム

半月周リズムは潮間帯にすむ生物以外にもみられる．海岸近くの陸にすんでいるアカテガニやベンケイガニ（*Sesarma intermedium*）は，受精卵を約1カ月腹部に抱えておき，日暮れ後の満潮時に海の近くの川でゾエアにまで発生が進んだ幼生を放出する．そして，この幼生放出は満月と新月の前後，

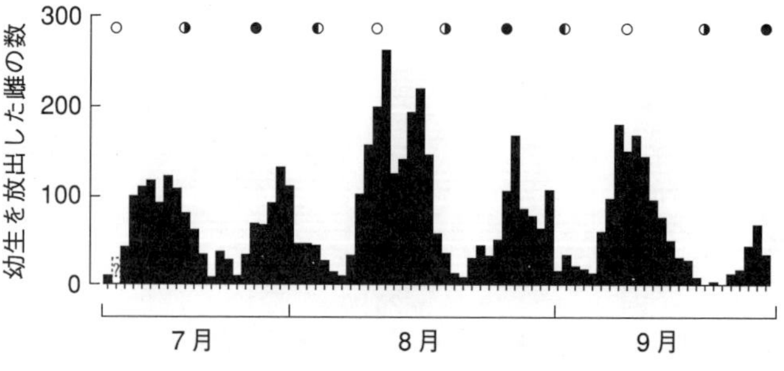

図7・4 野外におけるアカテガニの幼生放出の半月周リズム
○ は満月，● は新月，◐，◑ は半月を示す．
Saigusa と Hidaka（1978）より改変

すなわち大潮のときに多いという半月周リズムがみられる（**図7・4**；Saigusa と Hidaka，1978）．その適応的な意義は以下のように考えられる．このカニの幼生は淡水中では長く生きることができず，したがってできるだけ早くある程度塩分を含む水にたどりつく必要がある．そして，この大潮の満潮という時間帯が，それから潮が勢いよく引いてゆく流れに従って，一番速やかに，幼生が汽水・海水に到達することのできる時間だからである(Saigusa，1981)．アカテガニを実験室で明暗のサイクルのみを与えて飼育すると幼生放出の周期性が不明瞭になったが，明暗のサイクルに加えて暗期に豆電球を点け消しして月の出入りをまねてやると，満月と新月に相当する時期に幼生の放出が集中してみられるようになった（**図7・5**）．スペインや日本のウミユスリカの羽化における半月周リズムでは，満月の日の夜が明るいことが同調因子として重要であったが，アカテガニでは月の出入りする時刻が半月周リズムをもたらすための同調因子としてはたらいていると結論された．さらに，途中で人工的な月明りを与えるのをやめて，普通の明暗サイクルのもとに置いても，アカテガニの半月周リズムが継続したことから，内

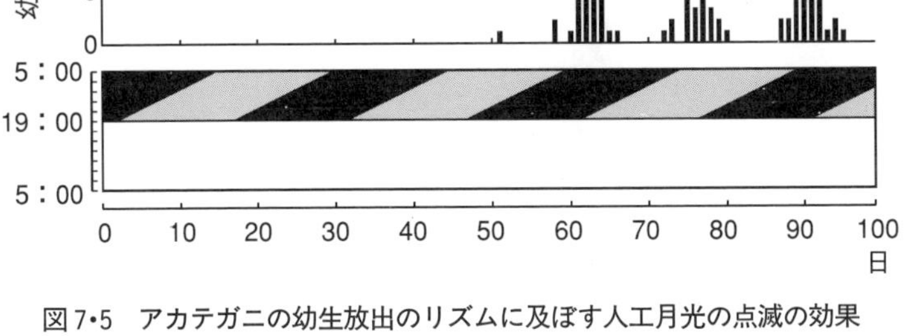

図7•5　アカテガニの幼生放出のリズムに及ぼす人工月光の点滅の効果
□ は明期，■ は暗期，▨ は 0.2 ルクスの人工月光を与えた時間帯を示す．Saigusa（1980）より改変

因性の時計がこの半月周リズムを支配していることも明らかである(Saigusa, 1980).

後に，Neumannによるウミユスリカの実験と同様に，アカテガニでも満月に相当する時期に一晩中薄明かりを与えることによっても半月周リズムが同調することが確かめられた（Saigusa, 1988）. Saigusa（1988）は，月が出入りする時期の照度はきわめて低く，天候の影響も受けやすいため，月の

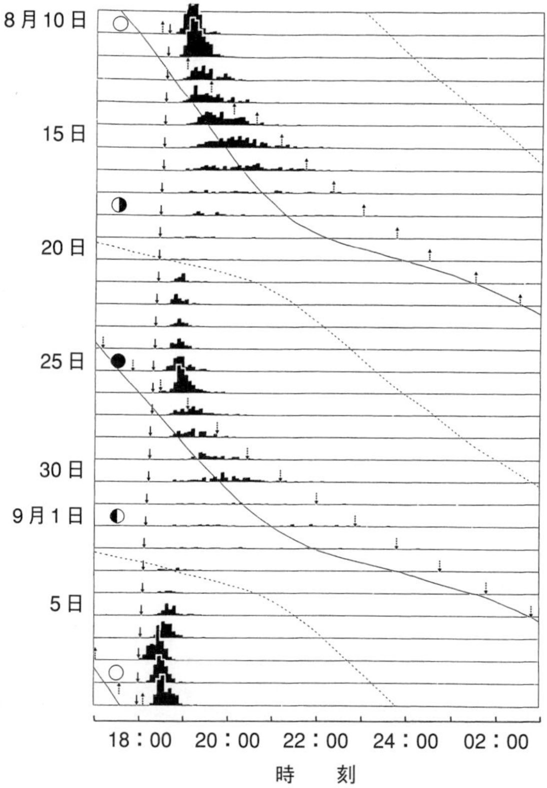

図7･6　野外におけるアカテガニの幼生放出時刻
○は満月，●は新月，◐，◑は半月を示す．実線は満潮，破線は干潮，下向き実線の矢印は日の入り，上向きおよび下向きの破線矢印はそれぞれ月の出と月の入り時刻を示す．Saigusa と Hidaka（1978）より改変

出入りする時刻というのは自然の環境下ではあまり信頼できない信号と考えた．しかし，野外ではアカテガニが幼生を放出する時刻は，日の入り後の満潮時刻が日を追って遅くなってゆくのに従ってだんだんと遅くなっていったのに対し（**図7・6**；Saigusa と Hidaka，1978），満月に相当する時期に一晩中薄明りを与えた実験では，この毎日の遅れは再現されなかった．陸上で生活しているカニは，月の出入り以外には潮汐の位相を知る情報が得られないので，月の出入りする時刻を感知して時計を同調させている可能性も否定できない．

7・2・4　半月周リズムをつくりだす機構

Neumann は，ウミユスリカ羽化の半月周リズムには，人工月光によって同調するスペインのものばかりではなく，明暗のサイクルと潮汐を伝える刺激の 2 つの因子によって同調する北ヨーロッパのものについても，概半月時計（circasemilunar clock）という，およそ 15 日という周期をもつ時計がかかわっていると考えている（**概半月時計仮説**）．しかし，半月周リズムをつくりだすのに，長い周期をもつ時計の存在は必ずしも必要ではない．24 時間周期に同調した概日時計と，12.4 時間の潮汐周期に同調した概潮汐時計が存在すれば，両者の位相が一致するのは約 15 日に 1 度となり，半月周リズムがつくりだされる．このようなしくみで長い周期性がつくりだされることをビート現象という（3・2 節参照）．そして，概日時計と概潮汐時計のビート現象によって半月周リズムがつくりだされるという考えを**ビート仮説**（beat hypothesis）あるいは **2 振動体仮説**（two-oscillator hypothesis）と呼ぶ．この考え方は，最初に Bünning と Müller（1961）によって，アミジグサ（*Dictyota dichotoma*）の配偶子放出における半月周リズムを説明するために提出された．

アカテガニやベンケイガニは大潮の日暮れ後の満潮時に幼生を放出するが，その時刻は満潮時刻が遅れてゆくのに従ってだんだん遅れていった（図 7・6）．また，ヒザラガイは大潮の満潮直前に産卵を行うが，この場合も，満潮時刻が遅れるのに伴って産卵時刻は遅れていった．そして多くの場合に朝の満潮時に産卵がみられたが，時には夕方の満潮時にも産卵が観察された（Yoshioka，1988）．このような結果は，明暗のサイクルと水没・干出（あるいは月の出入り）の周期という環境からの2つの信号の位相関係によって同調する概半月時計に従って羽化または産卵などをする日が決まり（概半月時計仮説），明暗のサイクルに同調する概日時計に従って羽化などの時刻が決まると考えるのでは説明がつきにくく，水没・干出（あるいは月の出入り）に同調する概潮汐時計と，明暗のサイクルに同調する概日時計という2種類の時計の相互作用で周期性が現れる（ビート仮説）と考えるほうがよさそうである．ヒザラガイの場合でいうと，概潮汐時計のゲートは水没から数時間後に開き，概日時計のゲートは明期のはじめに開く．この両方のゲートが開いたときに産卵が起こるとすると，実験室では図7・3に示したような結果が得られ，野外では大潮の朝の満潮時に産卵がみられることになる．

一方，満月に相当する時期に一晩中薄明りを与えることによって同調するスペインや日本のウミユスリカの半月周リズム（図7・2）においては，月光を同調因子とする概半月時計の存在を考えるのが自然である．しかし，満月（一晩中薄明りであること）によって概潮汐時計が特定の位相に設定されると考えると，ビート仮説でも説明できないわけではない．

7・3　月周リズム

月が地球の周りを公転する周期は約29.5日で，これに対応した周期性を**月周リズム**（lunar rhythm）という．半月周リズムにおいて，たとえば大潮のうち満月あるいは新月のどちらかにだけピークが現れるようになり，1回飛ばしになったものが，結果として月周リズムとなる．潮汐と関係した環境にすむいくらかの生物において，このような月周リズムがみられる．ウミユスリカの羽化にみられる半月周リズムについてはすでに述べたが，フランスの *C. marinus* では，羽化は恒常条件に移されてから，およそ1カ月周期でみられた（Neumann, 1966）．これは，そのような月周リズムの例と考えられる．月周リズムが恒常条件下で自由継続リズムを示すとき，**概月リズム**（circalunar rhythm）と呼ばれる．

月と地球，太陽の位置関係は潮汐以外に，夜の明るさにも周期性をもたらす．地球から見て月が太陽の反対側にあるとき一番明るく（満月），月と太陽が同じ側にあるときには闇夜となる（新月）．すでに述べたように，スペインや日本のウミユスリカは，この明るさの変化を利用して潮汐環境に適応した羽化リズムを示す．しかし，この明るさの変化そのものが生物の生存に影響する環境要因となることも考えられる．したがって，月周リズムは潮汐

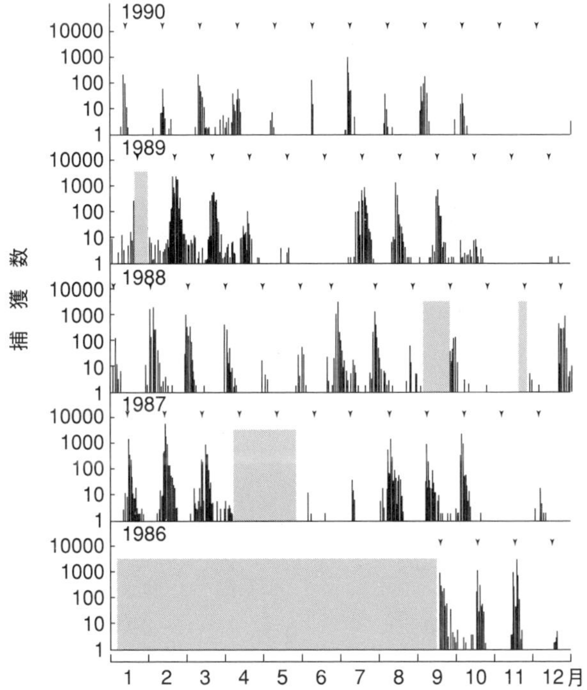

図7・7　カメムシの一種（*Scotinophara coarctata*）の光トラップによる捕獲数にみられる月周リズム
網かけ部分はデータが欠けている期間．▼は満月を示す．
Ito ら（1993）より改変

と関係した環境にすむ生物以外に，多くの陸生生物の活動にもみられる．たとえば，東南アジアでイネの害虫として知られるカメムシの一種（*Scotinophara coarctata*）の成虫は，光トラップに集まる性質があるが，この光トラップによる捕獲数に満月をピークとする1カ月周期の変動がある（**図7・7**；Ito ら，1993）．同じような結果は多くの熱帯産昆虫で報告されている．このような現象は，これらの昆虫の羽化あるいは生殖に月周リズムがあると考えても説明は可能である．しかし，カメムシなど多くの昆虫は，ウミユスリカと異なって成虫の寿命も産卵期間も長いことから考えると，成虫の飛翔活動そのものに月周リズムがあると考えるのが妥当であろう．昆虫のほか，哺乳類，鳥類，硬骨魚類でも，自然条件下における活動に月周リズムがみられることが報告されている．しかし，これらの周期性が内因性のものであるか，すなわち，生物時計がかかわっているかどうかは明らかでない．

ウスバカゲロウの一種（*Myrmeleon obscurus*）の幼虫（アリジゴク）は円錐形の巣をつくり，それに落ちるアリなどの他の昆虫を捕食するが，この巣の大きさは満月のときに大きく，新月のときに小さいという月周リズムを示す．そして，光は自然のままで実験室の一定温度に移しても，あるいは実験室の一定温度，光条件に移しても，およそ1カ月の周期で巣の大きさが変動した（**図7・8**）．したがって，この虫が巣をつくる行動は内因性の時計によって調節されていると結論された（Youthed と Moran，1969）．この場

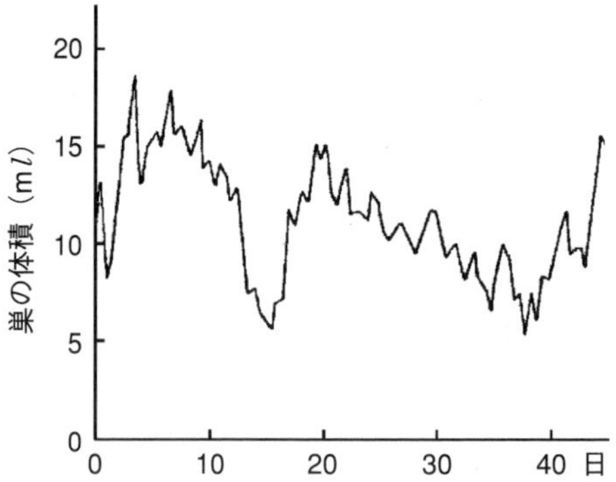

図7・8　ウスバカゲロウの一種（*Myrmeleon obscurus*）の幼虫の巣の大きさにみられる概月リズム
一定温度（19℃），全暗条件における巣の体積の変化を示す．Youthed と Moran（1969）より改変

合の自由継続リズムはおよそ2周期程度の明瞭でないものであり，概日時計で調べられているような温度補償性の検討もなされていないが，潮汐と関係のない環境にすむ生物において概月リズムの存在を示す唯一の実験結果である．

スポットライト 10

ヒトの月経周期と月の満ち欠け

ヒトの月経周期は約28日で，これはほぼ月の満ち欠けの周期と一致するので，ヒトの生殖と月周リズムの関連を議論するような記述をしばしばみかける．月経は環境からの信号なしでも，自律的にくり返される．しかし，フェロモンを介して他個体の排卵を早めたり遅らせたりすることによって，個体間で月経周期が同調することが報告されているものの（Stern と McClintock，1998），月経周期は環境からの信号に同調する性質はもたないと考えられている．月経周期は，下垂体前葉や卵巣からのホルモン分泌，卵巣の濾胞，黄体の発達と退化，子宮内膜の変化など，一連の現象のくり返しが結果として一定の周期をもつもので，生物時計が支配する現象とは区別して考えたい．月経がみられるのはサル下目（狭鼻猿類，ヒトや類人猿もここに含まれる）だけであるが，その周期はヒトの場合が最も短く，周期が長いサルでは40日くらいのものまであることから，ヒトの月経周期が月の公転の周期と一致するのは偶然と考えられる．

7・4　1週間のリズム

現代人の多くは，もともとは聖書の記述に基づく「1週間の周期で活動する」という習慣をとっている．そして，それに伴ってヒトの身体のさまざまなパラメータが1週間の周期で変動するが，そのうちいくらかのものは環境に1週間の変動のない状態でも周期性が継続すると報告されている．これらの結果に基づいて，もともとヒトには1週間周期で活動する生物学的な背景があるのではないかという記述を目にすることがある．ヒト以外では，昆虫の産卵活動，渦鞭毛藻の自発的発光，緑藻の成長などで，一定の温度・光条件下で継続する1週間のリズムが報告されている．このほか，海岸に打ち上げられた海藻を食べるゴミムシダマシの一種（*Chaerodes trachyscelides*）は，昼間は砂の中に潜り夜行性の活動を示す．そして，実験室の全暗条件で記録した活動パターンには，夜行性の概日成分以外に，およそ1週間の周期性が含まれた（Meyer-Rochow と Brown，1998）．大潮および小潮に相当する日には活動の開始時刻が早まり，その中間の日には活動開始が遅いことから，潮汐との関連で何らかの適応的意義があるのかもしれない．

しかし，これらの周期性が，本当に内因性の**概週リズム**（circaseptan rhythm）によってもたらされていると結論するのには，慎重でなければならない．なぜなら，データをとっている研究者自身の生活に曜日による1週間の周期性があるために，それが対象となる生物に影響したものや，生物自身には影響しなくてもデータのとり方に影響が出た可能性を充分検討しなければならない．たとえば，ほとんどあらゆる研究室で振動や音は1週間の周期性を示すので，これらに反応する性質があれば，温度や光を一定にした条件でも生物の活動や成長に1週間の周期性がみられるであろう．さらに，自然界で1週間の周期をもつ環境の変化はほとんど知られていないので，1週間の周期性の適応的な意義は考えにくい．したがって，生物が1週間の周期性を示すような実験結果が得られた場合には，とくにそれが人為的なものではないかという慎重な検討を要する．

第 8 章
光周性と概年リズム

地球が太陽の周りを公転しており，その公転軸と自転軸が23.4度ずれているために，地球上のほとんどの地域において太陽から降り注ぐ輻射熱に1年周期の変動がみられ，そのために1年周期の季節変化が現れる．この季節変化に対応するために生物のもつ周期性として，これまでに光周性と概年リズムが報告されている．この章では，これらを扱う．

8・1　光周性の基本的性質

8・1・1　光周性を示す生物

Garner と Allerd (1920) は，タバコ (*Nicotiana tabacum*) とダイズ (*Glycine max*) のある品種が日長の短い条件でのみ花芽を形成することを明らかにし，この「生物が日の長さに反応する性質」を**光周性** (photoperiodism) と名づけた．このように，光周性は最初に植物の**花芽形成**を支配するしくみとして報告されたが，現在ではさまざまな生物のさまざまな性質が光周性によって調節されていることが明らかになっている．動物では，Marcovitch (1923) がイチゴネアブラムシ (*Aphis forbesi*) において初めて光周性を報告した．この種を含む多くのアブラムシでは春から夏の間は雌しかおらず，単為生殖を行って増殖する．しかも，この単為生殖を行う雌は胎生で，卵ではなく幼虫を産む．そして，秋になると，単為生殖によって雌と雄の両方が生まれて，これらが両性生殖を行う．両性生殖を行う雌は卵を産み，卵が冬を越す．卵は翌年孵化して幹母と呼ばれる雌が生まれ，これから単為生殖で増殖する，という生活史をくり返す．Marcovitch (1923) は，イチゴネアブラムシの単為生殖と両性生殖の切り替えが光周期によって決められていることを示した．

Kogure（1933）は，カイコ（*Bombyx mori*）の二化性品種における卵休眠が，親世代の卵期の温度と光周期によって決まっていることを示した．これが，今日多く知られている昆虫の休眠を支配する光周性の最初の報告である．多くの昆虫は，成長や生殖に不都合な季節を，**休眠**（diapause）という特別な生理状態に入ることによって生きのびている．たとえば，ナミアゲハ（*Papilio xuthus*）は蛹，カイコは卵で休眠に入って冬を越す．ナミアゲハの非休眠蛹からは25 °Cでは約10日で成虫が羽化するが，休眠蛹は成長を停止しており冬を越さないと成虫が羽化しない．カイコの卵でも同じことがいえる．昆虫には卵，幼虫，蛹，成虫のいずれの発育段階でも休眠に入るものがいるが，どの段階で休眠に入るものにも光周性によって支配されているものが知られている．

脊椎動物ではRowan（1925）がユキヒメドリ（*Junco hyemalis*）の生殖腺の発達についての光周性を初めて報告した．その後，爬虫類，哺乳類，硬骨魚類において光周性が報告された．現在では，陸生の腹足類であるナメクジの一種（*Limax maximus*），陸生の甲殻類であるオカダンゴムシ（*Armadillidium vulgare*），海産プランクトンである甲殻類のケンミジンコの一種（*Labidocera aestiva*）などでも光周性が知られている．そして，長らく光周性は多細胞生物に固有の性質ではないかと考えられていたが，光周性の発見の約70年後になって初めて，単細胞であるゴニオウラクスの一種（*Gonyaulax polyedra*）が短日条件において，堅固な膜に囲まれた球形の**休止嚢子**（resting cyst）を形成することが示された（Balzer と Hardeland, 1991）．さらに最近，クラミドモナスの一種（*Chlamydomonas reinhardtii*）において接合胞子の発芽が短日条件によって抑制されることも報告された（Suzuki と Johnson, 2002）．このように，光周性は多細胞生物だけが示す性質ではないことが明らかになった．すなわち，概日リズムよりも複雑な現象と考えられる光周性においても，そのしくみのすべてが単一の細胞内に存在することができる．

8・1・2　光周反応曲線

変化しない光周期のもとで生物が示す光周性を，横軸に明期または暗期の長さ，縦軸に花芽を形成する，あるいは休眠に入るなどの結果を示す個体の割合で示した曲線を**光周反応曲線**（photoperiodic response curve）と呼ぶ．花芽形成の場合，縦軸に花芽形成までの時間をとったグラフもよく見かける．図8・1は，東京産のモンシロチョウ（*Pieris rapae crucivora*）の蛹休眠誘導における光周反応曲線である．モンシロチョウは，明期の長さが1日のうち13時間以上ある長日条件で育った場合，蛹になると速やかに成虫の形態形成が進んで成虫が羽化した．これを非休眠蛹と呼ぶ．一方，明期の長さが11時間以下の短日条件で育つと，蛹になったあと形態形成を停止して休眠に入った．光周性における境界の日長を**臨界日長**（critical daylength）と呼ぶ．モンシロチョウの場合には，臨界日長は非休眠と休眠の誘導される条件の境で，約12時間である．光周性においては明期の長さではなく連続した暗期の長さの方が意味をもつ生物の方が多いので，むしろ臨界夜長を重視すべきであるが，習慣として臨界日長が用いられることが多い．生理学的に議論するときには（とくに植物学分野では），短日と長日の効果の得られる境の暗期を**限界暗期**（critical dark period）といって，これを議論の対象とする．

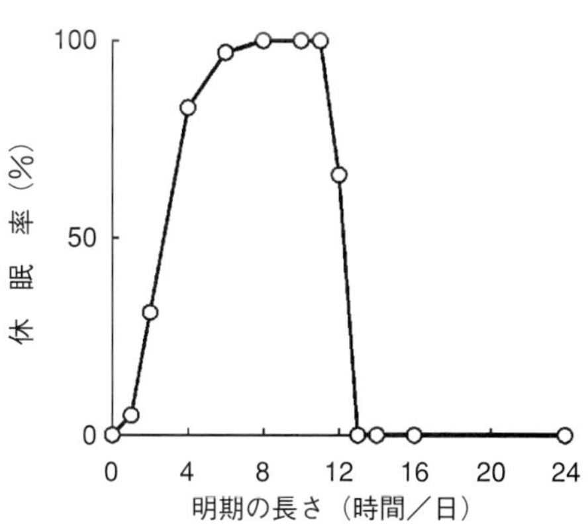

図8・1　モンシロチョウの蛹休眠誘導の光周反応曲線
Kono（1970）より改変

8・1・3　光周性の型

Garner と Allerd（1920）は，長日条件でのみ花芽を形成する植物を**長日植物**（long-day plant），逆に短日条件でのみ花芽を形成する植物を**短日植物**（short-day plant）と呼んだ．短日植物の例としては秋に花を咲かせるイネ（*Oryza sativa*），キク（*Chrysanthemum* × *morifolium*），コスモス（*Cosmos bipinnatus*）など，長日植物の例としては春に花を咲かせるホウレンソウ（*Spinacia oleracea*），ダイコン（*Raphanus sativus*）などがあげられる．アサガオ（*Ipomoea nil*）は代表的な短日植物として光周性の研究によく用いられているが，盛夏に花を咲かせる．したがって花芽を形成するのは日長の長い時期にあたる．これは，アサガオの臨界日長がきわめて長く，ほぼ夏至の日長に匹敵するからである．動物においても同様に，長日で休眠や生殖活動の抑制なしに成長や生殖のみられるような反応を**長日型**（long-day type），短日で成長や生殖のみられるような反応を**短日型**（short-day type）と呼ぶ．長日型の光周性を示す動物には，すでに示したモンシロチョウ以外にホソヘリカメムシ（*Riptortus clavatus*），ウズラ，ゴールデンハムスターなど，春から夏に成長や生殖を行うものがあげられる．一方，短日型の光周性を示すものには，昆虫では夏に休眠に入るユウマダラエダシャク（*Abraxas miranda miranda*），哺乳類では秋に生殖を行うヒツジ（*Ovis aries*）などがあげられる．前述のカイコでは，親世代の胚期の日長が，次世代の胚が休眠に入るかどうかを決めているので，感受期と実際に休眠に入る時期に1世代のずれがあるため，短日型の光周性が冬の休眠を誘導している（Kogure，1933）．このほかに，日長とは関係なく成長や生殖を行う動物，日長とは関係なく花芽を形成する植物があり，後者は**中性植物**（day-neutral plant）と呼ばれている．その例としては，インゲンマメ（*Phaseolus vulgaris*），キュウリ（*Cucumis sativus*）など長年栽培されてきた作物がある．

スポットライト 11

光周性の発見

1906年に得られた「メリーランドマンモス」という品種のタバコは，背丈が高くたくさんの葉をつけたが，メリーランド州では，どんどん栄養成長を続け，遅い時期に花が咲いても種子ができないうちに寒くなって枯れてしまった．種子をとる唯一の手段は秋～冬に温室に移植することであり，そうすれば，花が咲き種子がとれた．このタバコの種子を大量にとる方法をみつけることがGarnerとAllerdの課題であった．彼らは，冬に温室に移して花を咲かせたタバコは，春になると花をつけるのをやめて，葉をどんどん成長し始めることに気づいた．このことから，植物が決まった季節に花を咲かせ実を結ぶのは，季節を知らせる環境要因に反応するためと考えた．季節が進むにつれてさまざまな環境要因が変化する．季節を知らせる環境要因として温度，照度や降雨量などに着目して，さまざまな仮説をたてて，それを順番に検証していったが，考え出されたあらゆる仮説が実験によって否定されてしまった．

最後に，GarnerとAllerdは，残された可能性として，「一日のうちの明るい時間の長さが決定的な要因である」という考えに達し，1918年に以下のような実験を行った．空気は出入りするが光の漏れない大きな暗箱を畑に設置した．タバコを植えた3つのバケツを7月10日から毎日午後4時にこの箱の中に運び込み，午前9時に外に出した．つまり一日に7時間だけ明るい光が当たるという条件で栽培した．この時期，外は14時間以上明るいので，7時間以上も日長を短くしたことになる．すると，この3つのバケツのタバコは外に置いた4つのバケツのタバコよりもずっと早い時期に花を咲かせた．この箱の中の温度は外よりわずかに高いだけだったので，開花時期の違いは光に当たっていた時間の違いによると結論された．これが光周性を初めて明らかにした実験である．

8・2 日長測定の理論的構造

8・2・1 暗期の光中断実験

光周性に照度が影響する例もいくらか知られているが，一般には照度は光周性に影響しない．したがって，光周性は光エネルギーに依存する光化学反応そのものではない．光周性は，光のエネルギーではなく，明期（または暗期）の長さに依存することから，明期（または暗期）に一定の速さで特定の物質が合成される（あるいは分解される）ような反応と考えることもできる．しかし，この可能性は否定されている．その明確な証拠は，暗期の一部に短時間だけ光を当てる実験，**暗期の光中断実験**（light break experiment）によって得られる．図8・2Aにモンシロチョウの結果を示す．モン

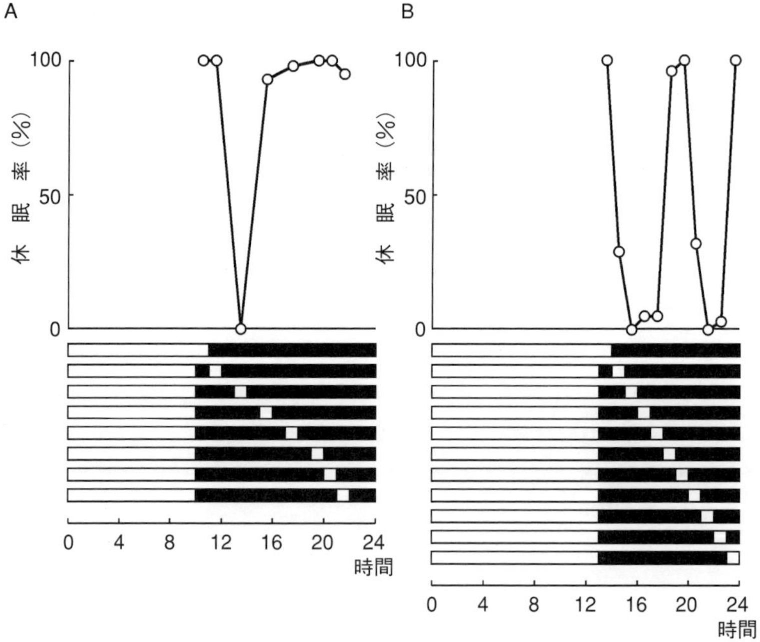

図8・2 モンシロチョウ（A）およびアメリカシロヒトリ（B）における暗期の光中断実験
Kono（1970）および Masaki（1977）より改変

シロチョウは蛹で休眠し，この休眠の誘導は長日型の光周性によって支配されている．明暗 14：10 のような長日条件で育った幼虫は非休眠蛹となったが，明暗 11：13 や明暗 10：14 のような短日条件では休眠蛹になった．ところが，明暗 10：14 の暗期の開始から 3 時間後から 1 時間だけ光を与えると，モンシロチョウは長日と判定し非休眠蛹となった（Kono，1970）．この場合，明期の合計は 1 日に 11 時間で明暗 11：13 と同じであるから，明期に一定の速さで特定の物質が合成されるような反応ならば，短日と判定されるはずである．このように，短日の長い暗期の中の短い時間だけが光にさらされることで長日の効果が得られるという現象は，モンシロチョウ以外にもさまざまな生物で知られている．

8・2・2　Bünning の仮説

Bünning（1936）は，光周性における時間測定は明暗のサイクルに同調した概日時計の位相と光の関係で決まるという考えを提唱した．この考えの基本は，明暗のサイクルに同調した概日時計の周期の中に，明を好む相（**親明相**，photophil）と暗を好む相（**親暗相**，scotophil）とがあり，後者に光が

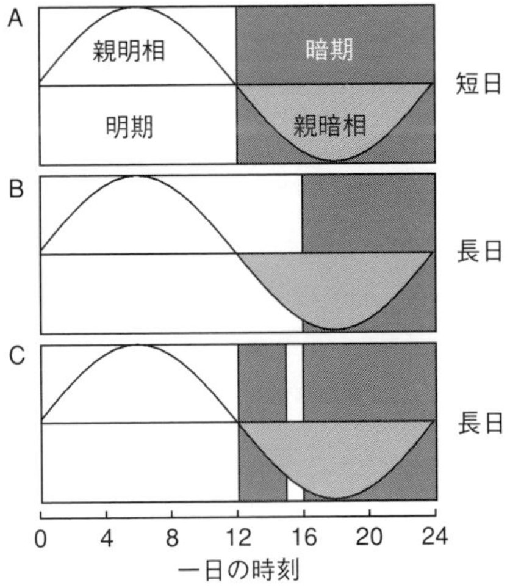

図 8・3　Bünning の仮説の模式図

当たると「長日」と出力されるというものである．図8・3に明暗のサイクルに同調した概日時計の動きを正弦曲線で示す．この曲線がX軸より上にあるときは親明相，下にあるときは親暗相だと考え，親暗相に光が当たるかどうかによって長日か短日かが決定されていると考える．明暗12：12では明期は親明相におさまり，親暗相は光にさらされない（図8・3A）．この状態では「短日」と出力される．しかし，明暗16：8では明期は親明相におさまりきれず，親暗相に光が当たる．このとき，「長日」と出力される（図8・3B）．暗期の光中断実験では，親暗相に光が当たることから，明期の時間の合計が短くても長日の効果が得られることが説明できる（図8・3C）．この考えは日長測定に概日時計が関与するということを初めて指摘した重要な理論で，提唱者にちなんで**Bünningの仮説**と呼ばれる．最初に提案されたBünningの仮説では，親暗相のうちのどの時刻に光が当たっても「長日」と出力されるはずであったが，実際には暗期のある時刻に光を当てると長日という結果が得られたのに対し，別の時刻ではほとんど効果がないことがわかってきた．モンシロチョウの場合でも，顕著に休眠率が低下したのは特定の時刻に光を当てた場合であった（図8・2A）．したがって，親暗相という一定の状態が長く続くのではなく，親暗相の中に，とくに光に感じやすい点があることが明らかになった．

8・2・3 外的符合モデル

ところが，図8・2Bに示すアメリカシロヒトリ（*Hyphantria cunea*）など多くの生物では，暗期の中に光パルスを与えることによって長日の効果が得られる時刻が2回存在した．Bünningの仮説における親暗相の中に1回だけ光に対する感受性の高い点があると考えるだけでは，この現象は説明できない．この現象をうまく説明したのは，PittendrighとMinis（1964）であった．明暗サイクルに同調した概日時計の位相の中に光に感受性の高い点が存在し，そこに光が当たると「長日」，当たらないと「短日」と出力することはBünningの仮説と共通である．その違いは，概日時計の同調因子と

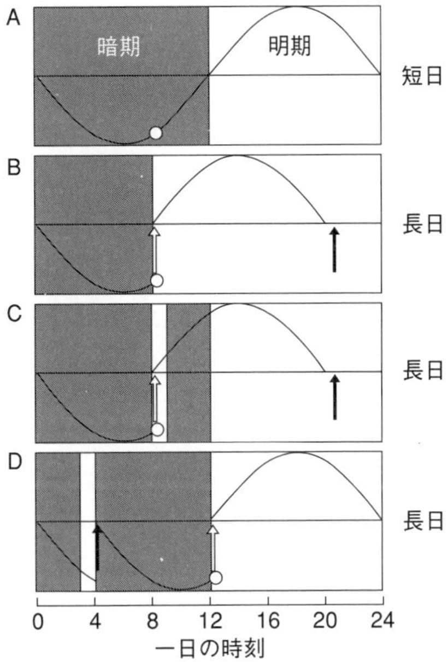

図 8・4　外的符合モデルの模式図
黒矢印は位相後退，白矢印は位相前進を示す．

しての明暗のサイクルと，感受性の高い位相に光が当たるかどうかで日長が判定されるという光のもつ2つの作用を区別して考えたことである．概日時計の同調因子として，暗期の前半の光パルスは，日暮れの信号としてはたらき概日時計の位相を後退させるのに対し，暗期の後半の光パルスは，夜明けの信号としてはたらき概日時計の位相を前進させる（6・6 節参照）．**図 8・4** に明暗のサイクルに同調した概日時計の動きを正弦曲線で示す．この正弦曲線の一定の位相に一カ所光に感じやすい点，**光誘導相**（photoinducible phase，ϕi）が存在すると考える．図では○で示す．明から暗に切り替わると概日時計は決まった位相に設定される．したがって，明暗のサイクルのもとでは，この曲線は暗期の開始と共にゼロから下がってゆく．明暗 12：12 では ϕi は暗期に含まれ，「短日」と出力される（**図 8・4 A**）．ところが，明暗 16：8 では ϕi は暗期からはみだして明期に含まれ，「長日」と出力される（**図 8・4 B**）．長い暗期の後半に光パルスが与えられたときには長日と同

様 ϕi に光が当たるので「長日」と出力される（**図8・4C**）．そして，暗期の前半に光パルスが与えられたときには，この光パルスは ϕi の位相と一致しないが，概日時計の位相を後退させる．その結果として ϕi は暗期からはみだして，明期に含まれることになって「長日」と出力される（**図8・4D**）．このようにして，暗期の中に光パルスを与えることによって長日の効果が得られる時刻が2回あることが説明された．この考えは，概日時計の特定の位相に外界からの光が当たるかどうかによって日長が判定されるので，**外的符合モデル**（external coincidence model）と呼ばれている．

8・2・4 内的符合モデル

Tyshchenko（1966）は，日暮れと夜明けの信号によって位相が変えられる2つの概日時計の位相関係によって日長が測定されるというしくみを考えた．**図8・5**に示すように，概日時計I（実線で示した正弦曲線）は暗から明への切り替わり，すなわち夜明けの信号によって明暗のサイクルに同調しており，夜明けと同時に一定時間（図では8時間）活性相に入る．そして，概日時計II（破線で示した正弦曲線）は明から暗への切り替わり，すなわ

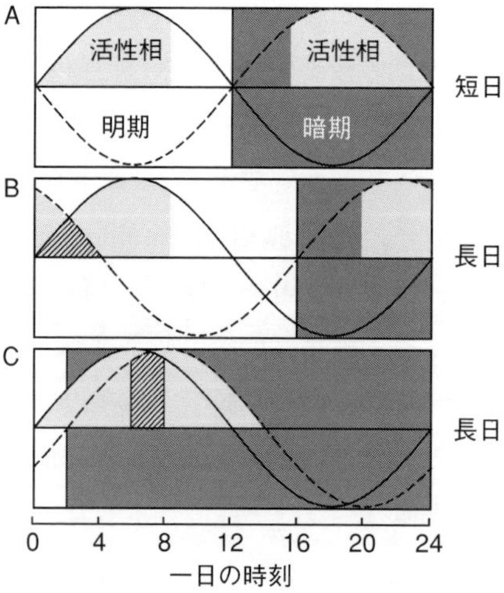

図8•5 内的符合モデルの模式図

ち日暮れの信号によって明暗のサイクルに同調しており，日暮れから一定時間（図では 4 時間）遅れて，一定時間（図では 8 時間）活性相に入る．この 2 つの時計の示す活性相が少しでも重なった場合に（図では斜線で示す），外的符合モデルにおいて ϕi に光が当たった場合と同じように「長日」と出力する．明暗 12：12 では 2 つの時計の活性相はまったく重ならず「短日」と出力される（図 8・5 A）．しかし，明暗 16：8 では 2 つの時計の活性相が重なり合って「長日」と出力される（図 8・5 B）．この考えは，身体の中に存在する 2 つの時計の示す時刻を照らし合わせることから，**内的符合モデル** (internal coincidence model) と呼ばれている．

図 8・1 に示したモンシロチョウの場合のように，多くの生物で極端に短い日長が長日と同じ効果を示すことが知られている．内的符合モデルでは，明暗 2：22 のように明期が極端に短くなると，2 つの時計の活性相が重なり合って「長日」と出力される（図 8・5 C）ので，この現象をうまく説明することができる．一方，外的符合モデルでは説明できない．なぜなら，極端に短い日長では ϕi には光が当たらないからである．さらに，内的符合モデルでは，光は 2 つの概日時計の同調因子としてのみはたらくので，ほかに同調因子があれば，明暗の変化のない状態でも機能することができる．図 8・6 に示すように，ノシメマダラメイガ（*Plodia interpunctella*）では，全暗

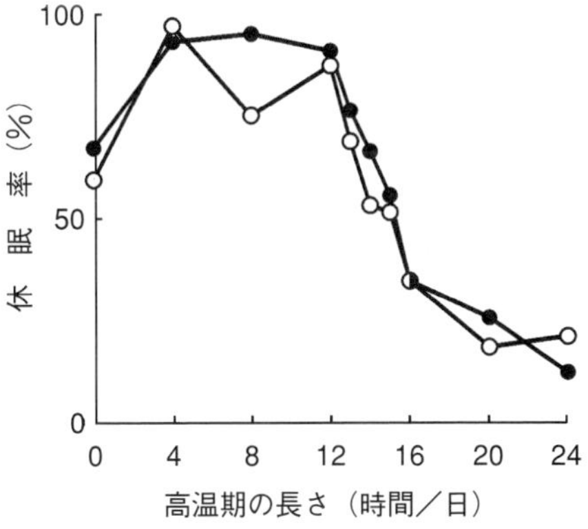

図 8・6　全暗（●）および全明（○）条件におけるノシメマダラメイガの温周性
高温期 30 °C，低温期 20 °C．Masaki と Kikukawa（1981）より改変

や全明のもとで，光周期における明暗と同じように高温・低温のサイクルを与えたときに，高温期（または低温期）の長さに反応して，光の変化なしで光周性とまったく同じような反応がみられる（Masaki と Kikukawa, 1981）．これを**温周性**（thermoperiodism）と呼ぶ．このような反応は，ϕi に光が当たるかどうかで決まる外的符合モデルでは説明できないが，内的符合モデルならば，温度の上昇や低下が同調因子として2つの概日時計を同調させていると考えると説明することができる．

8・2・5　砂時計と概日時計

一方，Lees（1965）は，自らのソラマメヒゲナガアブラムシにおける実験結果に基づいて，振動系のまったく関与しない**砂時計モデル**（hourglass model）を提唱した．この虫では，暗期をある値以上に長くすると必ず短日の効果が得られ，概日時計のような振動系の関与する証拠はまったくなかった．したがって，暗くなったら砂時計を逆さにし，砂がなくなったときに明るければ「長日」，暗ければ「短日」と出力する単純なシステムで説明がつく．

短い明期に，さまざまな長さの暗期を組み合わせた明暗のサイクルを与える実験は，**共鳴実験**（resonance experiment），あるいは最初にダイズでこの実験を行った研究者にちなんで**Nanda-Hamner 実験**と呼ばれる．図8・7に，メイガの一種（*Ostrinia nubilalis*）における共鳴実験の結果を示す（Takeda と Skopik, 1985）．この虫は短日に反応して幼虫が休眠に入る．12時間の明期にさまざまな長さの暗期を組み合わせると，ミネソタ産のものでは30 °C で，ジョージア産のものでは20 °C で，休眠率は与えた暗期の長さに従って周期的に変化した．その変動の周期はおよそ24時間であり，この結果は，日長を測定する際に概日時計が関係していることの証拠である．

しかし，ミネソタ産のものは20 °C で暗期が一定以上の長さになるとすべて休眠となり，ジョージア産のものは30 °C で暗期が一定以上の長さになる

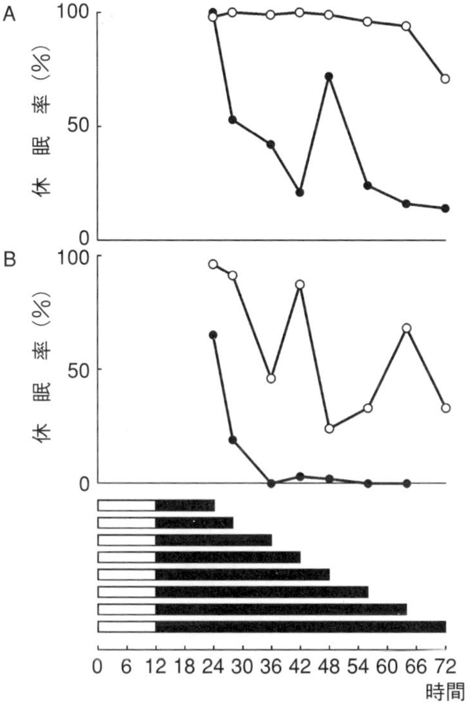

図8・7　メイガの一種（*Ostrinia nubilalis*）における共鳴実験
ミネソタ個体群（A）およびジョージア個体群（B）の30℃（●）および20℃（○）における結果を示す．
Takeda と Skopik（1985）より改変

とすべて非休眠となった（図8・7）．このような条件では，*O. nubilalis* の日長測定は，ソラマメヒゲナガアブラムシと同様，砂時計のようにまったく周期的な性質を示さなかった．同じ虫が，温度や地理的な系統によってまったく違った日長測定のやり方をとるとは考えにくい．さらに，砂時計モデルの提唱された根拠となったソラマメヒゲナガアブラムシにおいてさえも，実験設定を考えることによって，日長測定に概日時計がかかわっていることが示された（Vaz Nunez と Hardie，1993）．したがって，砂時計モデルというのは，外的符合モデルにおいて概日時計の振動の減衰が著しい場合と考えることができる．

これらの結果に基づいて，現在では光周性に概日時計がかかわっていることは間違いないとされている．しかし，本当に「暗期の長さを測定すること」に概日時計が関係しているかどうかに関しては，疑問が投げかけられている．なぜならば，どれだけの時間を「1日」として日長を測定するのかという「枠」を決めるのに概日時計が使われており，その枠の中で，暗期の長さはむしろ砂時計のようなしくみで測定されていると考えた方が，ヨトウガ（*Mamestra brassicae*）やナミハダニ（*Tetranichus urticae*）などの実験結果をうまく説明できるからである（Kimura と Masaki，1993；Veerman と Vaz Nunez，1987）．

スポットライト 12

ストロボによる害虫防除

暗期の光中断実験では，暗期に1時間あるいは30分といった短い光パルスを与える．光パルスは，どれくらい短いものまで有効なのだろうか．これまでに知られている一番短い例では，写真用ストロボに使われているキセノンランプの閃光でさえも有効であった（Barker ら，1964）．モンシロチョウが休眠蛹になる明暗10：14の条件で，暗期の決まった時刻に，毎日キセノンランプの閃光が与えられた．与えた時間帯によって効果は違ったが，最も効果のある時刻に閃光を与えた場合には，すべてが非休眠蛹になった．すなわち，一瞬の閃光だけで完全に長日の効果が得られたのである．この実験が行われた当時は，すぐにも害虫防除に応用できるのではないかという期待がもたれた．秋になって短日になると，野外にいる幼虫は必ず休眠蛹になる．この時期に，毎日決まった時間に畑でキセノンランプの閃光を与えると，その閃光が到達した幼虫は長日と感じて非休眠蛹となってしまい，秋から冬の寒さのために蛹または成虫で死んでしまうだろう．このようにして，農薬をいっさい使わずに害虫の冬越しを完全に阻止することができるのではないかと考えられたが，残念ながら，この方法で実際に害虫が防除された例はこれまでに知られていない．理論的には可能であるが，実際の野外条件で，充分な明るさの光を確実に虫に照射するのは容易ではないからであろう．

8・3　植物の光周性機構

植物では，Garner と Allerd（1920）による光周性の発見以降，暗期の光中断実験において光にきわめて敏感な反応を示す，オナモミ（*Xanthium strumarium*）やダイズのビロキシ品種などの短日植物で光周性機構の研究が進んだ．暗期の光中断実験において与える光パルスの波長を変えると，600〜700 nm（ナノメートル）の波長をもつ赤色光が最も有効であり，さらにこの赤色光の効果は700〜800 nm の波長をもつ近赤外光の照射によって打ち消された．しかも，この赤色光と近赤外光の効果は何度でも可逆的にくり返された（Parker ら，1946）．同じような反応は植物の光発芽，光による伸長抑制や光屈性などさまざまな生理現象に認められた．そこで，赤色光と近赤外光によって可逆的に変化する光受容色素が植物のさまざまな生理応答に関係しているとして，その光受容色素に**フィトクロム**（phytochrome）という名前がつけられた．後にフィトクロムは植物から単離され，フィトクロモビリン（phytochromobilin）という発色団を結合したタンパク質であることが明らかになった．さらに，カラスムギ（*Avena sativa*）からその遺伝子がクローニングされ，タンパク質の全一次構造が決定された（Hershey ら，1985）．植物の光周性における光受容にフィトクロムが関係していることは間違いない．そして，動物ではフィトクロムに似たタンパク質はまったく知られていない．一方，植物の光による成長調節において青色光を受容している色素として発見され，最初にシロイヌナズナ（*Arabidopsis thaliana*）においてその遺伝子がクローニングされた**クリプトクロム**（cryptochrome）が，光周性のための光受容においても重要なはたらきをしていることが明らかになった（Guo ら，1998）．すなわち，植物の光周性にはフィトクロムとクリプトクロムという 2 種類の光受容色素が関係している．しかし，光が受容されてから長日や短日の効果を示すまでの分子レベルの機構は明らかになっていない．

フィトクロムやクリプトクロムは植物体のさまざまな細胞に存在するが，

植物体の一部だけに光パルスを与える実験から，葉が光周性における主な光受容部位であることが明らかになった．一方，花芽形成が行われるのは茎頂分裂組織であるから，葉からこの組織へ情報が伝えられなければならない．葉において花芽形成を誘導する物質が合成されて，これが茎頂分裂組織に運ばれ，そのはたらきで花芽が分化すると考えるとうまく説明がつく．この仮想の物質は，Chailakhyan（1937）によって**フロリゲン**（florigen）と名づけられ，現在では**花成ホルモン**（flowering hormone）と呼ばれている．花成ホルモンの存在を示す証拠は，接木によって花芽形成する性質が伝えられることや，環状剝皮によって花芽形成する性質の移動が妨げられることなど，次々と示されていったが，植物に普遍的な花成ホルモンを単離・同定する試みは未だに成功していない．一方，花芽形成にかかわる遺伝子はシロイヌナズナにおいて次々と決定されている．

8・4 光周性における応答の多様性

8・4・1 日長の変化に対する反応

一般には，光周性は明期（あるいは暗期）が決まった閾値よりも長いか短いかということで決まり，日長の変化に対して反応するのではない．しかし，ある段階で長日，次の段階で短日にさらされることで花芽が形成される植物が知られており，**長短日植物**（long-short-day plant）と呼ばれている．代表例は，セイロンベンケイ（*Kalanchoe pinnata*）である．また，シロツメクサ（*Trifolium repens*）やカモガヤ（*Dactylis glomerata*）は，逆に花芽形成に短日，長日という順番を要求するもので，**短長日植物**（short-long-day plant）と呼ばれている．これらは直接的には明期が閾値よりも長いか短いかに反応するが，**二段階光周反応**（two step photoperiodic response）を示すことにより，結果として日長が変化しなければ花芽を形成しないしくみになっている．動物でも二段階光周反応を示すものがある．たとえば，アオクサカメムシ（*Nezara antennata*）は長日，短日という順にさらされなければ卵巣を発達させない．逆に，エゾホソナガゴミムシ（*Pterosticus nigrita*）は卵巣発達に，短日，長日という順番を要求する．二段階光周反応では，それぞれの段階の反応における臨界日長は一定である．

一方，短日型の光周反応をもつヒツジでは，明暗 16：8 から明暗 13：11 に移すと短日と判定して黄体形成ホルモンを多く分泌するが，明暗 10：14 から明暗 13：11 に移された場合には長日と判定して黄体形成ホルモンの分泌量は低下する．この両者で比較すると，いずれも明暗 13：11 に置かれているのに，メラトニンの血中濃度は明暗 16：8 から移されたものの方が明らかに高かった（Robinson と Karsch，1987）．同じような現象は昆虫でも知られている．ヨトウガの幼虫は，孵化してから 7 日間明暗 16：8 のような長日条件にさらされた場合には，以後さらされた明暗 14：10 を短日と判断したが，はじめの 7 日間明暗 12：12 のような短日条件にさらされた場合には，以後の明暗 14：10 は長日と判断された（Kimura と Masaki，1998）．これらの場合には，二段階光周反応ではなく，過去に経験した光周期によって，後にさらされた光周期が違った効果をもつ（臨界日長が変化する）ことによって，日長の変化に反応している．

8・4・2　量的な反応

光周性の示される形質には，花芽が形成されるかどうか，休眠に入るかどうかといった二者択一の形質と，からだの大きさや色などの連続的な形質とがある．二者択一の形質に関する光周性では，モンシロチョウ蛹休眠の誘導のように（図 8・1），一般に，明期が閾値よりも長いか短いかによって全か無かの反応が示される．このような反応を行うためには，明期が閾値よりも長いかどうかがわかれば，それ以上に細かい情報は必要ない．一方，連続的な形質に関する光周性では，明期の長さに対して量的に反応する例も知られている．たとえば，チャバネアオカメムシ（*Plautia crossota stali*）は，終齢幼虫の体色が光周期によって異なる．この幼虫の体色という連続的な形質に関する光周性では，長日では全体に明るい緑色の，短日では黒っぽい幼虫

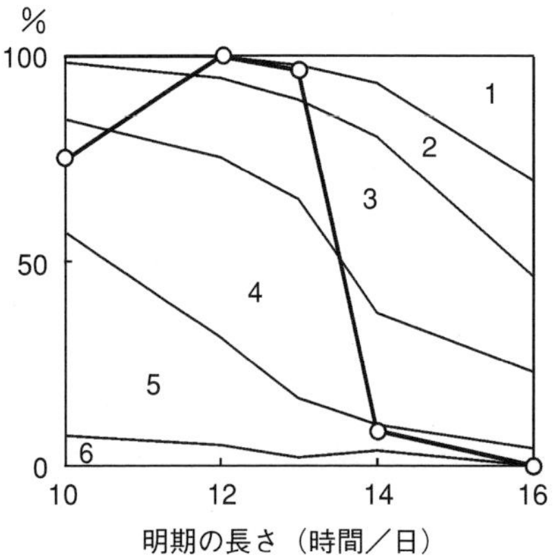

図8•8 チャバネアオカメムシの幼虫体色（細い線）と成虫休眠（○）を決定する光周性
図中の数字は幼虫の体色を示す（1から6の順に黒くなる）．Numata と Kobayashi (1994) より改変

が現れたが，自然にみられる日長の範囲では，明期が長いほど明るい色の幼虫の割合が高いというように，明期の長さに対して量的に反応した（図8・8）．この場合には，明期が閾値よりも長いかどうかではなく，何時間であるかという細かい情報が必要である．ところで，チャバネアオカメムシは成虫休眠の誘導という二者択一の形質に関する光周性ももっている．その場合には13.5時間という臨界日長を境にして，長日では非休眠，短日では休眠成虫になる全か無かの反応がみられた（図8・8）．したがって，このカメムシは，2つの光周性において明期の長さに対する反応のしかたがまったく異なることになる（Numata と Kobayashi，1994）．これまでに考えられた日長測定の理論モデルは，多くの場合，全か無かの反応を前提に考案された．しかし，このチャバネアオカメムシのような例を説明するには，生物の日長測定機構は，明期が閾値よりも長いかどうかという単純な情報ではなく，何時間であるかという細かい情報を出力しており，それを日長測定機構以降のしくみにおいて，ある場合にはそのまま明期の長さに対して量的な反応を示し，別の場合には閾値よりも長いかどうかという情報に単純化して，全か無かの反応を示していると考えられる（沼田，1997）．

8・5　概年リズム

8・5・1　概年リズムを示す生物

これまでの節で解説してきたように，多くの生物は光周性によって季節変化に対応している．一方，およそ1年の周期をもつ**概年リズム**（circannual rhythm）によって季節変化に対応している生物の存在が知られている．Pengelley と Fisher（1957）は，キンイロジリス（*Spermophilus lateralis*）において，季節変化のまったくない状態，すなわちおよそ2 °C の明暗 12：12 という条件のもとでも，体重や摂食量の変化，冬眠と生殖がだいたい1年の周期で起こることを明らかにした．また，Gwinner（1967）はキタヤナギムシクイ（*Phylloscopus trochilus*）という渡り鳥で，21 °C 一定，明暗 12：12 の条件下で，夏冬の年2回みられる**換羽**（molting）と春秋にみられる**渡りのいらだち行動**（migratory restlessness）が約1年の周期で起こることを示した．脊椎動物では，冬眠する哺乳類や渡り鳥のほか，爬虫類（ミシシッピアカミミガメ *Pseudemys scripta elegans*，ハリトカゲの一種 *Sceloporus virgatus*）と硬骨魚類（ニジマス *Oncorhynchus mykiss*）の生殖腺成熟などで概年リズムの存在が明らかになっている．

寿命の長い脊椎動物の場合でも，およそ1年という長い周期をもつ時計が体の中にあるというのは驚くべきことであるが，何とせいぜい数年しか生きられない昆虫にも概年リズムが存在する．ヒメマルカツオブシムシ（*Anthrenus verbasci*）は，毛の衣類や乾燥した動物性食品の害虫として知られる．成虫は春に羽化し，白い花に集まる．この虫の羽化が春に限られているのは，蛹化に概年リズムが存在するからであることが，イギリスの Blake（1959）によって報告された．その後 40 年以上にわたってこれを確かめた人はなかったが，最近になって，日本のヒメマルカツオブシムシにおいて蛹化に概年リズムがみられることが確認された（Nisimura と Numata，2001）．ヒメマルカツオブシムシの幼虫を，実験室の 20 °C，明暗 12：12 のもとで飼育すると，孵化の約 25 週後に1回目の蛹化のピークがみられ，この時期に

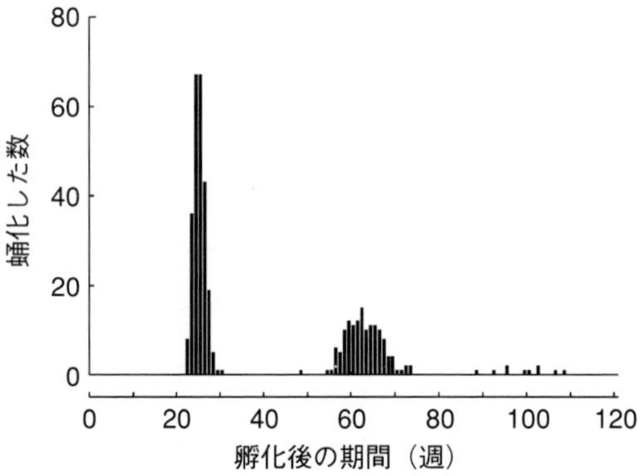

図8･9　一定温度（20 ℃），一定の明暗サイクル（明暗 12：12）におけるヒメマルカツオブシムシ蛹化の周期性
Nisimura と Numata（2001）より改変

蛹にならなかった個体の多くのものはその約 40 週後にややばらついて蛹になった．いくらかのものは，この 2 回目の蛹化のピークからさらに約 40 週遅れて蛹になった（図8・9）．このような一個体の一生に一度だけみられる現象の周期性は，ゲートという概念で説明できる（3・3 節参照）．すなわち，この虫の蛹化へのゲートの開閉は概年時計によって支配されており，この条件では，まず孵化の 25 週後に開き，その後約 40 週おきに開く．そのため，最初にゲートが開いたときに蛹にならなかったものは 2 回目あるいは 3 回目にゲートが開いたときに蛹になる．無脊椎動物では，このほかに同じ節足動物であるザリガニの一種（*Orconectes pellucidus*）の生殖と脱皮，軟体動物のキイロナメクジ（*Limax flavus*）の生殖腺成熟，刺胞動物のウミサカヅキガヤの一種（*Campanularia flexuosa*）の成長における概年リズムが報告されている．また，植物では，単子葉植物のコウキクサ（*Lemna minor*）の成長量，緑藻イトクズモの一種（*Ankistrodesmus braunii*）の窒素同化量，渦鞭毛藻ゴニオウラクスの一種（*Gonyaulax tamarensis*）の休止嚢子の形成などにおいて概年リズムが報告されている．単細胞の藻類が概年リズムを示すということは，概日リズムや光周性と同様に，そのしくみのすべてが単一の細胞内に存在することができることを意味している．しかし，概日リズムとは異なり，これまでに原核生物が概年リズムを示すことは報告されていない．

8・5・2　概年リズムの自律性

概年リズムは，より詳細にわかっている概日リズムと比較されながら研究が進められてきた．生物時計の基本的な性質として，まず自律性があげられる．恒常条件下で自由継続リズムを示すことが自律性の証拠であるが，概年リズムの場合，それを示すことは，概日リズムの場合に比べてずっと困難である．概日リズムの場合には，温度などの条件を一定にして，光のまったく当たらない条件（全暗）のもとで自由継続リズムが示されることが多い．しかし，このような条件で何年にもわたって生物を健康な状態に維持することは難しい．したがって，概年リズムの場合には，完全な恒常条件下で記録された例は少なく，たいていの場合温度などの条件を一定にしたうえで，明暗12：12など一定の光周期のもとで記録されたものである．このような場合に自由継続リズムと呼ぶのは，厳密には正しくない．自由継続リズムとは，本来，外界から時間を示す情報がまったく与えられない中で生物が示す内因性の周期性をさすものである．しかし，概年リズム研究においては，一定の光周期には1年を示す情報が含まれていないことから，一定の光周期のもとでおよそ1年の周期性が示された場合に，自由継続リズムと呼ばれていることが多い．実験そのものが長期間にわたることから，概日リズムほど多数のサイクルを記録した例はなく，これまでに一定条件下で記録された概年リズムの最長のものはニワムシクイ（*Sylvia borin*）とズグロムシクイ（*S. atricapilla*）の換羽にみられるリズムで，期間にして約8年，9サイクルに及ぶ（Berthold，1978）．しかし，これ以外の多くの生物の概年リズムは，実験室の一定条件下では数サイクルで減衰する傾向がある．

概日リズムの自由継続周期はおよそ20時間から28時間の間にある（6・2節参照）．一方，概年リズムの場合，これまでに知られている自由継続リズム（一定の光周期のもとで示されたものを含む）の周期は，約7カ月から

15カ月の間に広がっており，概日リズムにおける自由継続周期が24時間からずれている程度（約17％）に比べると，1年から大きくはずれている(Gwinner，1986)．また，一定の光周期のもとで概年リズムがみられる場合でも，どんな光周期のもとでもリズムが現れるわけではないし，光周期によってリズムの周期が異なることも多い．さらに，個体間の周期のばらつきも，何サイクルかの間に1個体が示す周期のばらつきも概日リズムに比べてはるかに大きい．概年リズムのもつこれらの特徴に，一定条件下で早く減衰することを加えて考えると，Gwinner（1986）は，概日リズムに比べて概年リズムのもつ自律性は低く，「弱い」系であると総括している．

このように，概年リズムの周期は1年からかなりはずれていることが多いが，逆にちょうど1年である場合にはその解釈には注意を要する．Gwinner (1986）は，実験室で観察された周期が1年から明らかにはずれていて，しかも実験室で2サイクル以上記録された結果のみを概年リズムの明らかな証拠の得られている研究として列挙し，周期がちょうど1年であるものや1サイクルだけ記録されたものは，概年リズムを示す研究とは別に扱っている．なぜなら，周期がちょうど1年である場合には，実験室で一定にすることのできなかった未知の要因が外的に生物の周期性をひき起こした可能性が否定できないからである．多くの地球・宇宙物理学的な要因は1年周期で変動している．このような要因に生物が反応すれば，実験室の「一定」条件で，ちょうど1年の周期性を示す．20℃一定，恒明条件で飼育したオウトウハダニ（*Tetranychus viennensis*）の卵を世代ごとに25℃，明暗12：12条件に移すと，その卵から育った成虫の休眠率は0％と約90％の間で，正確に1年周期で変動した（Rasumova，1978)．もしもこのダニが完全に一定条件で飼育されているのであれば，世代を越えて時計の位相が伝わるという驚くべき結果ということになる．しかし，この場合には地球・宇宙物理学的な要因による外因性の周期性であることは否定できないし，さらに餌の細かな化学的組成などが完全に一定であったのかも含め，世代を越えて動く時計と結論する前に注意深く検討する必要がある（沼田，1991)．

8・5・3　概年リズムの温度補償性

生物時計はその自由継続周期に温度補償性がみられる．概年リズムの場合，これまでの研究の大部分が，哺乳類と鳥類という恒温動物に集中していたために，概年リズムの温度補償性を検討することは容易でなかった．恒温動物であっても，冬眠中の体温は，環境温度の影響を受ける．実験室の明暗12：12，3℃と12℃のもとでキンイロジリスの体重変化や冬眠にみられる概年リズムを比較すると，概年リズムの第一サイクルの周期は低温でわずかに長い傾向がみられたが，次のサイクル以降個体ごとのばらつきが大きくなって条件による違いはわからなくなった（Pengelley と Asmundson, 1969）．冬眠中の体温は3℃と12℃の間で大きく異なるはずなのに，概年リズムの周期には大きな違いがなかったので，Gwinner（1986）は，この動物の概年リズムの周期にはある程度温度補償性があると推論している．

変温動物である昆虫では，温度補償性はずっと検討しやすい．ヒメマルカツオブシムシの幼虫を，実験室の湿度一定で，明暗12：12の光周期のもとで，17.5℃と27.5℃の間のさまざまな温度において蛹化を記録した結果

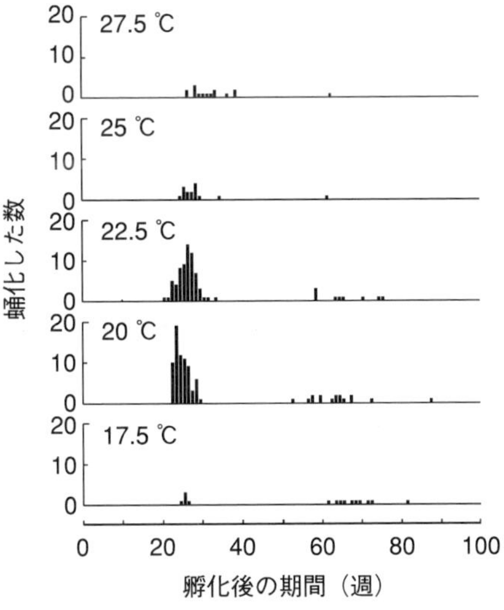

図8・10　ヒメマルカツオブシムシ蛹化の概年リズムにみられる温度補償性（明暗 12：12）
Nisimura と Numata（2001）より改変

を図8・10に示す．高温になるほど，やや蛹化のピークが遅れたものの，ほぼ同じような蛹化のパターンを示した．通常の温度依存性を示す発育ならば，温度が高くなるにつれて著しく発育期間が短くなるはずである．したがって，ヒメマルカツオブシムシの蛹化にみられる概年リズムの周期は，明らかに温度補償されているといえる．

8・5・4　概年リズムの同調性

生物時計のもう一つの特徴として，環境のサイクルに対する同調性があげられる．概日リズムの場合，代表的な同調因子は明暗のサイクルである(6・4節参照)．概年リズムが報告された多くの生物において，実験室で記録された周期は1年からかなりはずれていたにもかかわらず，これを自然の1年に同調させている因子は長らく不明であった．最初に，ホシムクドリで日長の変化が，生殖腺の発達と換羽を調節する概年リズムの同調因子として

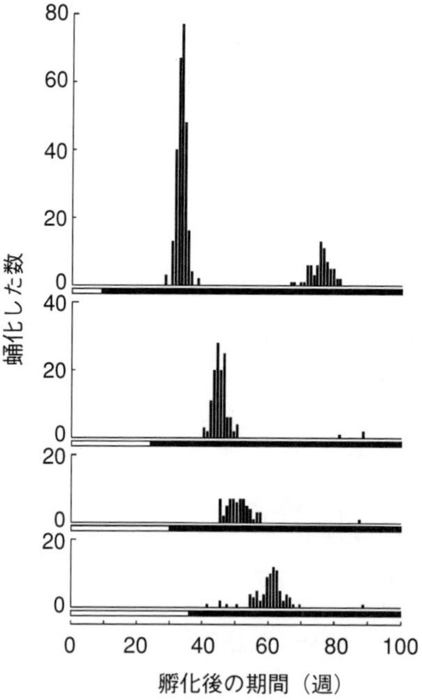

図8•11　ヒメマルカツオブシムシ蛹化の概年リズムに及ぼす光周期の変化の効果

さまざまな時期に明暗16：8 □ から 明暗12：12 ■ に移した．

Nisimura と Numata (2001) より改変

はたらくことが明らかになった．しかも，驚くべきことに，この鳥の概年リズムは1年よりもずっと短い同調因子の周期（最短で1/5年＝2.4カ月）に同調することができた（Gwinner，1977）．概日リズムの場合，完全に同調できる周期は，およそ18〜30時間（±25％）の範囲であるから，いかにこの同調因子の周期が短いかわかってもらえるだろう．現在では，概年リズムの代表的な同調因子は日長（光周期）の変化とされている．**図8・11**に，ヒメマルカツオブシムシを20℃で，さまざまな時期に明暗16：8から明暗12：12の光周期に移した場合の蛹化を示す．図から明らかなように，ヒメマルカツオブシムシの概年リズムは長日から短日にすることで位相が変位し，それから約25週後に蛹化の最初のピークがみられる．自然条件下では，秋に短日になったときに位相変位することで自然の日長変化に同調し，その約半年後に蛹化へのゲートが開くということで，春にいっせいに蛹化がみられると考えられる．日長の変化のほか，照度，輻射熱や気温の変化が概年リズムの同調因子としてはたらく例も報告されている．

8・5・5　概年リズムをつくりだす機構

近年，細胞および分子のレベルでそのしくみが明らかになりつつある概日リズムとは異なり，概年リズムのしくみはほとんどわかっていない．光周性における日長測定には概日時計がかかわっているので（8・2節参照），概年リズムが光周期によって同調する際にも概日時計がかかわることは容易に想像できる．しかし，概年リズムが自律的な周期性をつくりだすしくみに概日時計がかかわっているかどうかは明らかでない．概日時計によって測定した1日を足してゆき，一定の数に達したら1年と読み取っているという考え（**周波数積算仮説**，frequency demultiplication hypothesis）がある．Gwinner（1981）は，この仮説を検証するために，ニワムシクイに22時間や26時間周期の明暗サイクル，ホシムクドリに22時間周期の明暗サイクルを与え，生殖腺成熟と換羽にみられる概年リズムを観察した．これらの鳥の概日時計は22時間や26時間周期に同調できることがわかっている．もし概日時計によって測定した1日を足してゆくことによって1年を知っているのであれば，概年リズムの周期は22時間サイクルのもとでは短くなり，26時間サイクルのもとでは長くなるはずである．しかし，ニワムシクイでは，概年リズムの周期は24時間周期を与えたときに一番長く，22時間や26時間周期では短くなった．ホシムクドリでも，22時間周期のもとで24時間周期よりも概年リズムの期間は長くなり，周波数積算仮説は支持されない結果となった（Gwinner，1981）．ヒメマルカツオブシムシの蛹化にみられる概年リズムにおいても，周波数積算仮説は支持されなかった（Nisimura と Numata，2002）．生物の体内で起こっている多くの反応の速度に比べて，1年という周期はあまりにも長いため，すでにほとんどすべての生物に存在することが明らかになっている概日時計によって1年を測定するという周波数積算仮説は受け入れやすいものであるが，これまでにこの仮説を明確に支持する実験結果は得られていない．

それでも，概年リズムが概日時計と共通の部品を使って周期性をつくりだしているのではないか，というのは考えやすい仮説である．哺乳類とくにネズミ目では，視床下部の視交叉上核が概日時計の本体であることが比較的早い段階で明らかになっている（9・1・5項参照）．Zucker ら（1983）は，キンイロジリスにおいて視交叉上核を破壊したところ，活動の概日リズムが完全に消失した11頭のうち，7頭において正常な体重変化の概年リズムがみられ，そのうち5頭では繁殖の概年リズムもみられた．この結果は，概年リズムをつくりだすのに概日時計は必要でないことを示している．

8・5・6　概年リズムの意義

生物が一年間の季節変化に対応する際に，光周性のように，より広範な生物に存在するしくみがあるのに，なぜ一部の生物が概年リズムというしくみを進化させてきたのだろうか．概年リズムは，季節的な時間設定において，他のどんなしくみよりも一貫性（consistency）が高い．すなわち，毎日起こる変動，あるいは年による違いなど，さまざまな雑音に影響されず，毎年同じように時間設定ができる．最初に概年リズムが報告されたキンイロジリスは，北アメリカの高緯度地方に生息する．このような成長や生殖が可能な期間の短い環境では，季節的な時間設定のミスは命取りである．また，夏にヨーロッパで繁殖する渡り鳥のうち，長距離を移動するもので明瞭な概年リズムが報告されている．長距離を移動するものの方が短距離を移動するものより渡りに要する時間が長く，したがって渡りの時間設定に，より厳しさが求められるからであろう．さらに，概年リズムは，環境からの季節を示す信号が長期にわたって利用できない場合にも機能できる．土の中に深く潜って冬眠する哺乳類は，冬眠中に光周期を感じることができない．このような動物が冬眠から覚醒する時期を決定するには，光周性ではうまくゆかず，概年リズムの方が都合がよいであろう．また，日長変化の小さい赤道付近で越冬している渡り鳥が，春に繁殖地への渡りを開始する時期を決める際にも，概年リズムが有効なしくみとなっている．

第 III 部

生物時計のメカニズム

「時計」とは，それ自体で自律的に振動していて，振動の周期を単位として時間の長さを測ることを可能にするものである．生物時計はこの定義に合うものとして体内に存在する．

千葉喜彦『からだの中の夜と昼』より

第 9 章
生物時計の神経機構

生物時計は，どのようにして時間情報をつくりだし，行動をはじめとする各種の生理機能を制御するのか．どのようにして環境の光や温度等の同調因子からの情報を得て，環境サイクルに同調するのであろうか．また，生物が季節を知り，季節適応するための光周測時機構はどのような要素からなっているのであろうか．これらの測時機構の主要な要素は神経系の中にあると考えられ，これまでにそれらを同定しようとする努力が重ねられてきた．本章では，これらの測時機構を解明するための方法論に焦点を当てつつ，これまでに明らかにされた機構を解説する．

9・1　概日時計の所在

概日時計機構を解明するためには，時計機構に含まれる構成要素を明らかにし，その要素間の相互関係を解明する必要がある．時計機構は図 9・1 に示すように，リズムをつくりだす**概日時計**，環境サイクルに同調するための**光受容器**，時計の出力を受けて各種の生理的振動をつくりだす**被駆動系**の 3 つの要素と，さらにそれらの間で情報を仲介する経路から成り立っている．まず，これら 3 つの主要素の所在を明らかにする必要がある．概日時計の神

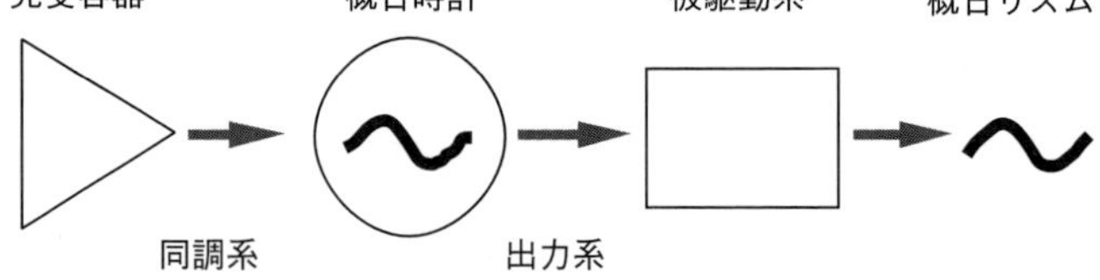

図 9・1　概日系の概念図

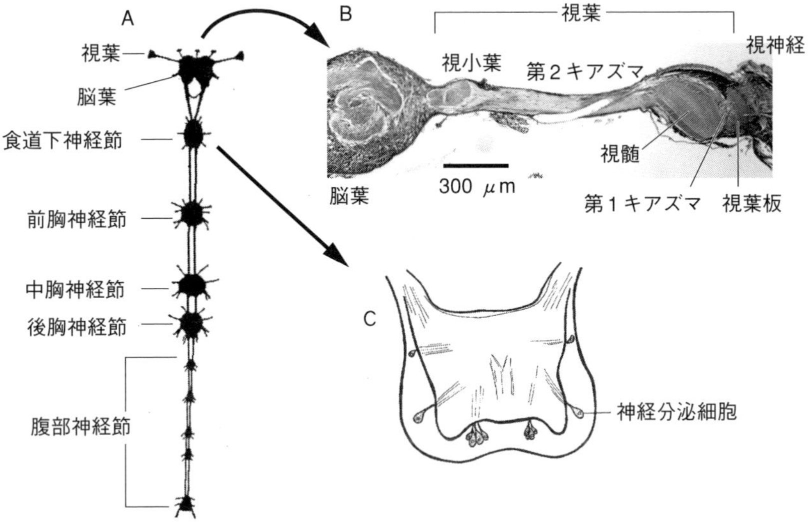

図9・2　昆虫神経系　A：コオロギの神経系，B：視葉部分の水平断組織切片，C：ゴキブリ食道下神経節の神経分泌細胞の模式図　C は Harker（1960）より改変

経機構については1950年代の，Harkerによるワモンゴキブリ（*Periplaneta americana*）の概日時計の研究から始まった．彼女はまず，恒明条件に置いてリズムがなくなったゴキブリに，脚を切り落として不動化したゴキブリを背中合わせに，ガラス管で体液がお互いに通じるようにして結合した．これを**並体結合**（パラビオーシス）と呼ぶが，このような処理を受けたゴキブリでは活動にリズムが再び現れるようになった．そこでHarker（1954）は，リズムのあるゴキブリから体液を通じて何かホルモンのようなものがリズムを失ったゴキブリに伝わり，リズムが復活したと考えたのである．その後の一連の実験結果から，そのホルモンの源は食道下神経節にある1対の神経分泌細胞であることが結論された（図9・2；Harker，1960）．この仮説は後に否定されることになるが，時計の所在を初めて追求した研究で，このアプローチそのものは今でも高く評価されている．

9・1・1 概日時計の所在を追求する方法

概日時計の所在を明らかにする方法は，大きく分けて3つの手順に従っている．まず，①破壊してリズムのなくなる組織を特定する．次に②破壊してリズムのなくなった個体に，別の個体からその組織を移植して，リズムが回復することを確かめる．この場合には，再び現れてきたリズムの周期や位相が，組織の供与個体のものであることが，その組織が時計機能をもつことを示す重要な証拠となる．さらに，③その候補組織それ自体がリズムを刻んでいることを，組織培養などの手法で示すことができれば，その組織に時計があることを証明することになる．これらに加えて最近では，④すでに発見されている時計遺伝子の mRNA の発現をラベルしたアンチセンス DNA を用いた *in situ* ハイブリダイゼーションにより検出する方法や，時計遺伝子の産物タンパク質の発現を抗体を用いた免疫組織化学によって調べることにより，時計組織や時計細胞を同定する方法も使われている．

9・1・2 昆虫での時計の所在

Harker 以来，昆虫の時計の所在はゴキブリやコオロギなどの不完全変態昆虫やガ，ハエ，カなどの完全変態昆虫を使って調べられた．最初はもっぱら破壊により活動リズムの消失する組織を探す研究が行われ，宇尾と Pittendrigh の Z. vergl. Physiol. (1968) に発表された論文以来，脳の一部である**視葉**が時計の所在として注目を集めるようになった．視葉は脳と複眼との間にある神経節で，視覚情報処理にも深くかかわっている（図9・2）．彼らは，視神経幹を切断し視葉を脳から切り離すか，両側の視葉を切除すると，活動のリズムが消失することを初めて明らかにした．この結果は他のゴキブリやコオロギでも確かめられている（**図9・3**）．しかし，破壊してリズムがなくなるという結果だけに基づいて，視葉に時計があることを結論することはできない．なぜなら，視葉がリズムをつくりだしている本体部分である可能性のほかに，時計が動くことに欠かせない歯車のような時計の部品である可能性，さらには時計から時間信号を全身に伝える出力経路の一部であ

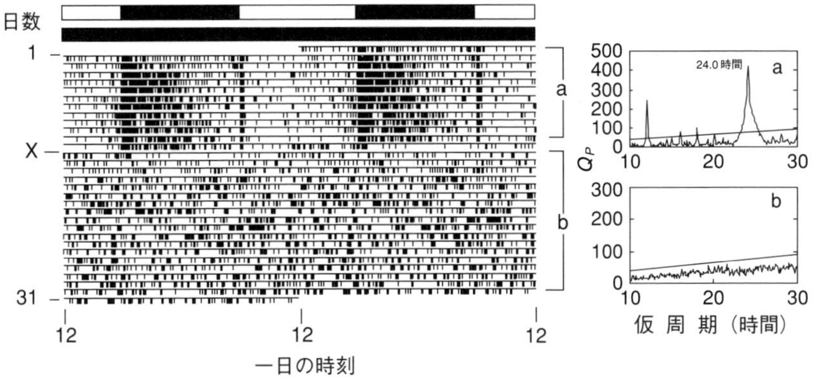

図 9・3　視葉を切除したコオロギの無周期的活動　X で記した日に視葉を切除し，恒暗恒温条件下に置いた．右のグラフはカイ二乗ピリオドグラムによる周期分析結果を示す．明暗サイクル下(a)では明瞭な夜行性の活動リズムを示していたが，視葉切除後(b)はリズムが完全に消失した．

る可能性もあるからだ．そこで，この発表以来，視葉に本当に時計があるのかが研究の対象となった．

Pittendrigh の弟子の一人である Page（1982）は，視葉の移植とリズムの履歴効果をうまく利用して，視葉に時計があることを示す強い証拠を得た．彼は，明暗 13：13 と明暗 11：11 で飼育したマデイラゴキブリの間で，視葉を交換移植した．明暗 13：13 で育てたゴキブリの自由継続周期は 24 時間よりもいくぶん長いが，明暗 11：11 で育てられたゴキブリの周期はそれよりも有意に短く，23 時間くらいである．視葉の交換移植後のリズムの周期は，視葉供与個体のそれに等しいものであった．これは，視葉がリズムを発現するのに重要であるばかりか，周期をも決めることを示している．しかし，視葉は時計の部品である可能性も依然として残されている．その部品が周期にも関係している可能性もあるからだ．最終的には，視葉それ自身がリズムをつくりだすことを示す必要がある．Tomioka と Chiba（1986）は，このことを最初に示した．彼らは，フタホシコオロギの視葉を脳から切り離しても，視葉から脳へ情報を送る遠心性ニューロンの電気活動に概日リズム

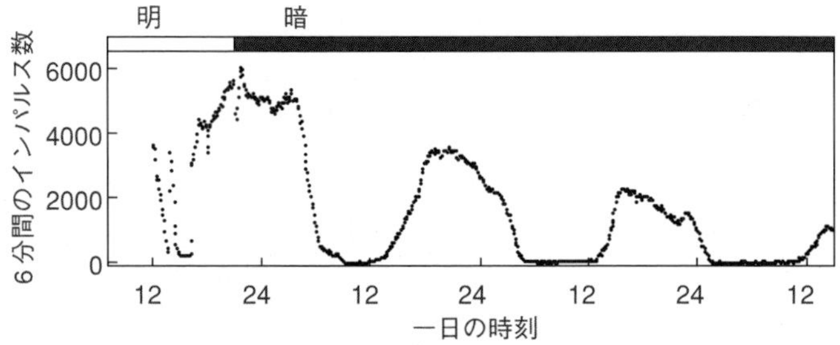

図9・4 体外培養下でのコオロギ視葉—複眼系の神経活動の概日リズム

が続くことを示したのである．続いて，視葉培養系を用いて，体外に取り出された視葉でも神経活動にリズムが現れることがゴキブリとコオロギで示され，視葉に時計があることが証明された（図9・4）（Colwell と Page，1990；Tomioka と Chiba，1992）．

完全変態の昆虫では，視葉を切り離しても活動リズムが残ることが知られている．たとえば，イエバエ（*Musca domestica*）では視葉を除去しても活動に明瞭な概日リズムが現れ，しかも明暗サイクルにも同調する（Helfrich ら，1985）．同様な結果はカとガでも得られている（Kasai と Chiba，1987；Truman，1974）．これらの昆虫では長らく，時計の所在は不明であったが，キイロショウジョウバエでは**時計遺伝子** ***period***（*per*）の分子生物学的研究から決着が与えられた．*per* の発現が脳側方部のニューロン（**脳側方部ニューロン**）で周期的に起こることや，モザイクを用いた実験などから，この脳側方部ニューロンが活動を制御する時計であると考えられている（10・3節参照）．

9・1・3 軟体動物

軟体動物では，**眼**に時計があることが古くから知られている．Jacklet（1969）は，アメフラシの眼を切り取り，海水中で培養しても，数日間視神経の活動が主観的昼に高く夜に低いリズムが継続することを示している．このことは眼に時計があることを見事に証明するものである．同様の手法により，ナツメガイの一種（*Bulla gouldiana*）など，多くの軟体動物後鰓類で眼に時計があることが証明されている．

とくにナツメガイでは，網膜基部にある約100個の大型のニューロン（**網膜基部ニューロン**，basal retinal neuron；BRN）がそれぞれ時計ニューロンであることが，培養実験により証明されている（Michel ら，1993）．BRN は電気的に結合していて，すべての細胞が同時に興奮し，視神経に**複合活動電位**と呼ばれる大きなインパルスを発生する．BRN は光受容能も備えており，光にも直接応答する．

9・1・4　脊椎動物：網膜・松果体

魚類，両生類，爬虫類，鳥類などでは種にもよるが，**網膜**と**松果体**に概日時計をもっている．松果体が時計を含むことが最初に発見されたのは，Gaston と Menaker（1968）によるイエスズメでの研究である．松果体は**メラトニン**を分泌する内分泌器官であり，彼らはこの松果体を切除して暗黒下に置かれたイエスズメでは活動リズムが消失することを報告した．その後の移植実験や培養実験により，松果体がメラトニン分泌を周期的に行う時計を含むことが証明された．メラトニンは魚類や両生類の黒色素胞の色素顆粒を凝集させ体色を明るくさせることが知られていたが，その他の機能は長く不明であった．しかし，鳥類や哺乳類を用いた研究から，時計の同調機構にかかわる重要なホルモンであることや，光周情報を伝える物質であることなどが明らかにされている（海老原と深田，1999）．これらの動物の脳には松果体以外にも直接光を感じる細胞があり，一部の種では概日時計の役割を果たしている．この細胞群の働きが哺乳類にいたって，視交叉上核に引き継がれたと考えられる．

9・1・5　視交叉上核

哺乳類では**視交叉上核**（suprachiasmatic nucleus；SCN）が唯一の時計組織であると考えられている．**図9・5**に示すように，視交叉上核は，網膜

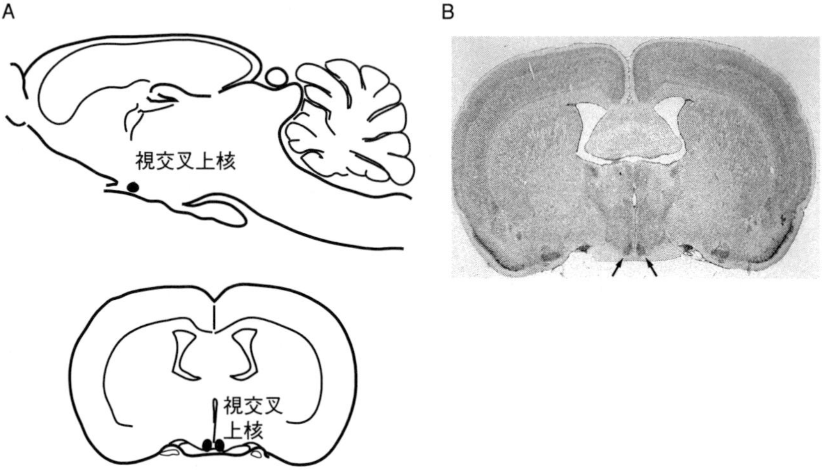

図 9･5　哺乳類の視交叉上核　A：視交叉上核の脳内での位置．上の図が矢状断，下は前額断で視交叉上核の位置を表す．B：視交叉上核．ラットの視交叉上核をクレシルバイオレットで染色した写真．視交叉上核（矢印）の細胞密度は非常に高いので，濃く染まって見える．

から後頭葉にある大脳皮質視覚野へ向かう左右の視神経が脳に到達し，そこで交叉する視交叉の直上に位置する神経核である．ラットの場合，脳は前後に 30 mm，左右に 15 mm 程度の大きさであるが，その中で視交叉上核は，断面の直径が約 0.3 mm，長さが 1 mm に満たない，卵かラグビーボールのような形をした小さな構造で，脳の左右を分けている第三脳室の両脇に一つずつある．その片側には約 1 万個のきわめて小型の神経細胞があり，脳内のほかの部位よりも細胞体の密度が高い．その神経軸索の標的は主に視交叉上核内の別の細胞にとどまっている．視交叉上核はさらに，7 千個と推定されるグリア細胞と多くの結合組織を形成する細胞からできている．

視交叉上核が注目されたのは，Richter によりラットの視床下部を破壊すると活動リズムがなくなることが示されてからである．その後，視神経のごく一部が視交叉の後ろで反転し，視交叉上核に投射していること（Moore と Lenn，1972）や，視交叉上核を破壊されたラットやマウス，ゴールデン

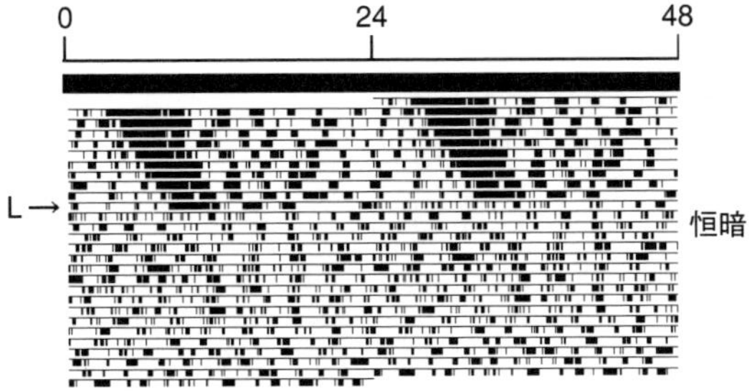

図 9・6　視交叉上核破壊によるリズムの消失
マウスの行動を1行に48時間分をまとめて書いた行動の時間分布図．矢印のLの日に視交叉上核を破壊した．

ハムスターは行動やホルモンのリズムをすべて失い，まったく無周期になることが観察された（図 9・6）（Moore と Eichler，1972；Stephan と Zucker，1972）．つぎに，視交叉上核の神経・代謝活動が昼高く夜低くなることが，神経スパイクや2-デオキシグルコースの取り込みの測定などで示された（図 9・7）．それとほとんど同時に，視交叉上核を脳から切り離してもニューロンの電気活動リズムが継続することが Inouye と Kawamura（1979）によって示され，視交叉上核が時計の座であることが確認された．さらに，ハムスターの胎仔から視交叉上核を取りだし別の個体に移植すると移植された視交叉上核のリズムが現れることや，体外に取りだした培養視交叉上核が

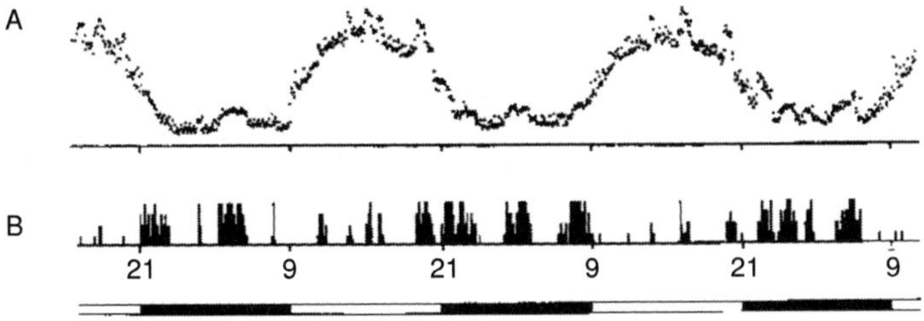

図 9・7　視交叉上核の電気活動と行動の概日リズム
ラットの視交叉上核の活動は昼間に高まり，夜には沈静化する（A）．Bは同一個体の行動記録で，行動は夜に集中している．

リズムを示し続けることが明らかにされ，現在では視交叉上核が哺乳類の時計の座であることは間違いのない事実として受け入れられている．

視交叉上核からの神経性の出力は決して多くはないが，腹外側，背内側のどちらの細胞からも，主として背側方向へきわめて細い繊維が出てゆく．多くは長い距離を走行せず，一部は視交叉上核の背側に広がる室傍核下部領域（subparaventricular zone）と呼ばれる領域に達する．このように視交叉上核の出力は主として視床下部内にとどまっているが，そこを通過して，さらに背側へのびて視床に達する繊維があることも確認されている．しかし，たくさんの軸索が束になって，特定の神経核につながってゆくような出力はない．生物時計の機能として，脳全体の活動を大きく上げたり下げたりしている神経細胞がこのようなわずかな出力繊維しかもっていないことは，驚くべきことなのかもしれない．あるいは，視交叉上核で合成される多種類のペプチドなどの分子が細胞外に放出されて，隣りだけでなく，多数の神経細胞の活動を大局的に制御していて，それが少ない視交叉上核の神経性出力を補っていることも考えられる．

しかし，視交叉上核を破壊したラットでも，中枢神経系の活動を高めるメタアンフェタミンを連続的に投与すると，活動に約24時間周期のリズムが現れるようになることから，視交叉上核外にも条件によっては自律振動することのできる時計が存在することが示されている（Honma，1986）．また，網膜を培養した実験から，ハムスターでは網膜にメラトニン分泌を周期的に起こす時計があることも報告されている（Tosini と Menaker，1998）．

9・1・6 昼行性哺乳類と夜行性哺乳類

視交叉上核の活動は，おそらくどんな哺乳動物でも昼間に高まり，夜は沈静化するものと予想されている．視交叉上核の活動が実際に調べられた動物はきわめて限られているが，サルやネコ，ラット，マウス，リスではすべて，視交叉上核は昼間活動が亢進していた．サルとリスは昼行性，ラット，マウスは夜行性，ネコは普通はリズムがはっきりしないとされているから，

スポットライト 13

脳の移植

脳が移植できる，といえばそれはだいぶ大きな誇張になる．どんな生物でも，脳をもつような生物から丸ごとの脳をとり出し，別の個体に移し替えて生かしておくことなど，今でもとうていできない．脳は高度に複雑な，きわめて弱い組織であって，再生能力ももたない．脳を移植するというのは，今のところ，脳の組織の一部を別の個体の脳の中で生かしておくことができるということである．脳は電気で動く情報処理機械であるが，同時に複雑な情報化学反応を実行する反応器でもある．脳の移植は主として，この化学反応を行う組織を別の脳に入れて，もとの脳の行う化学反応を助けようとするものである．それは，我々の知識が進んで脳の化学反応を制御できるようになるまでの，一時的な治療方法として考えられていることである．脳の組織でなくても，足りない分子を補充できるものであれば何でもよいというわけである．脳の組織を情報処理機械として移植することが哺乳動物でできたほとんど唯一の例が，ここで紹介している視交叉上核の移植である．24 時間の周期をつくりだす装置として，脳の一部が別の個体に移され，実際別の個体の中で機能していることが確かめられている．まるで，自動車の部品を入れ替えるようなことが脳で行われたことになる．これはたとえば，ゴキブリでは 40 年前にできたことであったが，ラットやマウスではとても考えられないことであった．ちなみに，ゴキブリは脳の一部を除去しても平気で活動する昆虫である．生物には実にいろいろなものがいる．

視交叉上核の活動は行動の昼夜分布とは関係のない位相をもっていることがわかる．おそらく，概日時計は光によって活動が高まり，光がないときは活動が抑制するように進化の過程で形づくられ，動物が昼行性か夜行性かはその後の環境に対する適応として形づくられたことによると考えられる．ほかにも，昼行性と夜行性にかかわらず，一日で同じ位相を示すものに松果体のメラトニンのリズムがある．このホルモンは常に夜にしか合成されない．また，脳脊髄液に存在するバソプレッシンの量も，昼行性，夜行性にかかわらず昼に増加する．

9・2 概日リズムの光受容器

9・2・1 無脊椎動物の光受容器

光受容器の所在を調べる一般的な方法は，光入力を遮断して，リズムが光周期に同調しなくなる組織を探すことである．昆虫では，候補となる複眼や単眼などの器官を黒の塗料で塗りつぶす方法が試されている．しかし，この方法では光同調が継続した場合の解釈が難しい．塗料の塗布が不完全であった，塗料が一部剝がれてしまった，頭部のクチクラを通過して入った光が複眼や単眼などに作用した，などいくつかの可能性がどうしても拭い去れないからである．そこで，**視神経**や単眼神経などを切断して，たとえ受容器で光を受容しても，光情報がそこから脳などの中枢へ入力されないようにすることが試みられた．図9・8にはフタホシコオロギでの実験結果を示しているが，視神経切断後のリズムは明暗サイクル下であっても自由継続する．マデイラゴキブリやワモンゴキブリ，オーストラリアエンマコオロギなど他の不完全変態昆虫でも，**複眼**が光同調に必要な唯一の光受容器であることが明らかにされている．

しかし，**単眼**がわずかではあるが時計の周期を変える作用をもつことがオ

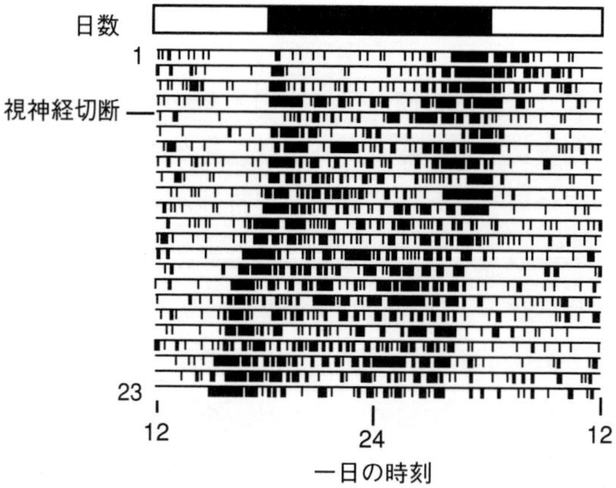

図9・8 視神経を切断されたコオロギの活動リズム

ーストラリアエンマコオロギで報告されたり（Rence ら，1988），ニュージーランドウェタの一種（*Hemideina thoracica*）やマダラスズ（*Dianemobius nigrofasciatus*）では，視神経の切断後も弱いながらもリズムが光サイクルに同調することが報告され，種によっては複眼以外にも光受容系が存在することが指摘されている（Waddel ら，1990；Shiga ら，1998）．

ハエ，カなど完全変態の昆虫では，視神経を切断してもリズムの光同調性は失われないことが報告されている．キイロショウジョウバエでは遺伝的に複眼や単眼を欠く突然変異系統がある．そのような系統でも光同調性は失われず，これらの昆虫では複眼や単眼などの外部光受容器ではなく，いわゆる**網膜外光受容器**（extraretinal photoreceptor）の存在することが示されていた（Helfrich と Engelmann，1983）．最近になって，キイロショウジョウバエでは**クリプトクロム**という分子が脳内での光受容を担っていることが明らかにされている．クリプトクロムは，細胞内で DNA の損傷を光依存的に修復するフォトリアーゼに近い分子であり，植物では成長調節や光周性にかかわることが示されている（8・3 節参照）．ただし，複眼，および幼虫単眼の名残である eyelet と呼ばれる受容器も，クリプトクロムと協調して光同調に関与すると説明されている（Helfrich-Förster ら，2001）．

同様な方法で，アメフラシやナツメガイなどの軟体動物後鰓類でも網膜に光受容器があることが示されている．ナツメガイでは前述のように，網膜にある時計細胞それ自体も光受容能をもつことが知られている．

9・2・2　脊椎動物の光受容器

脊椎動物では，網膜や松果体はそれ自体が時計であり，また光受容器でもある．松果体では，網膜の光受容細胞に類似の突起を松果体内腔にもつ光受容細胞がある．哺乳類では，同調のための光受容器は網膜のみである．光受容細胞が加齢と共に退化する *rd*/*rd* マウスでも明暗サイクルに同調することから，光受容は通常の受容機構以外の概日時計に特有なものがあると考えられている．網膜の神経節細胞の一部で最近発見された**メラノプシン**は，こ

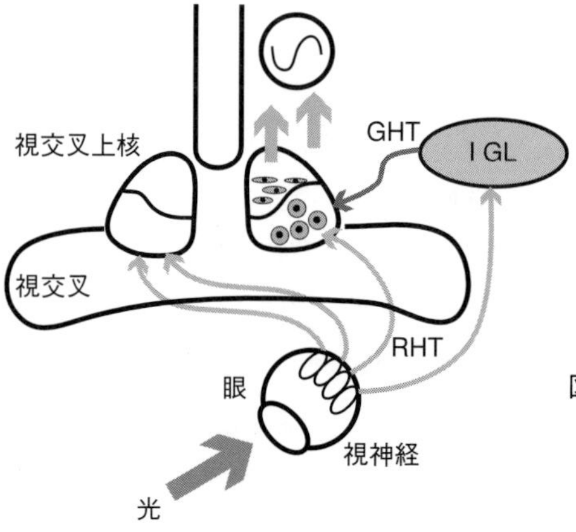

図9・9　視交叉上核への光の経路
IGL：外側膝状体中隔葉，
GHT：膝状体視床下部路，
RHT：網膜視床下部路

のリズムの同調に直接働いている光受容色素である可能性が高まっている（Hatter ら，2002；Berson ら，2002）．ただし，通常は，桿体や錐体で受容された環境の光情報もリズムの位相変位に使われているらしい．網膜で受容された情報は視交叉上核にある時計に2つの経路で伝えられる（図9・9）．その一つは**網膜視床下部路**（retino-hypothalamic tract；RHT）と呼ばれる経路で，網膜からの視神経の一部が直接視交叉上核に投射している．もう一つは間接的な経路で，視神経の情報が外側膝状体でシナプスを経て，**膝状体視床下部路**（geniculo-hypothalamic tract；GHT）により視交叉上核へ伝えられる経路である．RHT ではグルタミン酸を伝達物質として主として明の情報が，GHT ではニューロペプチド Y やエンケファリンにより暗の情報が伝えられる．

9・3　複数振動体系

多くの動物が体内に複数の時計をもつことが知られている．そのような複数振動体系において，個体としての時間的秩序を保つためにどのように時計間の時間的調整がなされているのだろうか．研究が進んでいるいくつかの例をあげて説明しよう．

9・3・1　ウスグロショウジョウバエの主従2振動体系

ウスグロショウジョウバエは夜明けごろに羽化する．これは前述のように，羽化のゲートが明け方に開くためと説明されている（3・3節参照）．この羽化リズムの制御には2つの振動体が関与している．一つは光感受性の振動体（**A振動体**）で，もう一つは温度感受性の振動体（**B振動体**）である．羽化それ自体は後者の支配を強く受けていると考えられている．この**2振動体仮説**は，Pittendrighら（1958）による次のような実験結果に基づいている．図6・7（p. 73）を見てほしい．恒暗条件，26℃下に置かれた個体群では，羽化は元の明暗サイクルでの明期開始数時間後に生ずる．これらの個体群をいろいろな時刻に16℃に移し，その後の羽化ピークの起こる時刻を表したのが図6・7Cである．16℃への移行直後の2サイクルほどは，羽化のピークは大きくずれるが，3サイクル目からはほぼ元の位相で生ずるようになる．一方，12時間の光パルスを与えた場合を示したのが図6・7Aである．この場合には，光パルス後のピークは数サイクルの不安定な移行期を経て，3サイクル後にはほぼ光パルスを与えた時刻に沿って起こるようになった．これらの結果は次のように説明されている．すなわち，光感受性のA-振動体が温度感受性のB-振動体を支配しており，光パルス後にA振動体はただちに位相変位を完了するが，B-振動体がこれに同調するまでの期間が不安定な移行期として現れる．また，A-振動体は温度感受性がないため，温度ステップ後も元の位相を保っている．温度パルス後数サイクルの不安定な時期を経て，再びほぼ元の位相に戻るのは，一時的に位相変位したB-振動体が再びA-振動体に同調するためである．Pittendrighら（1958）は，計算機シミュレーションによってもこの仮説を支持する結果を得ている．

9・3・2　コオロギの並列2振動体系

フタホシコオロギは左右の視葉に1対の時計をもっている．これら左右の視葉時計は単独でも活動リズムをつくりだすことができるので，それらは同等の性質をもつ冗長的なものと思われる．左右の時計は，どのようにして個体の活動リズムを制御するのであろうか．コオロギの活動リズムは通常単峰性であるので，左右の時計は通常同調していると考えられる．そこで，Tomioka（1993）は，視神経を片側だけ切断したコオロギを明暗 13：13 のサイクル下において活動を記録した．このコオロギの恒暗下での自由継続周期は 24 時間より少し短い．したがって，盲目側の時計は 24 時間に近い周期をもつと期待される．一方，正常側の時計は 26 時間の明暗サイクルに同調して動くと思われるので，左右の時計間に人為的に 2 時間の周期の差を生じさせることになる．もし，時計間に何も相互作用がなければ，この 2 つの周期成分が独立に継続することが期待される．時計間に同調作用があるならば，それらの成分の動きに何か変化が現れるはずである．

実験結果を**図 9・10** に示す．明暗 13：13 の下で 2 つの周期成分が現れたが，自由継続成分（F）の周期は明暗サイクルに同調している成分（E）との位相角に応じて周期的に変化する**相対的協調**を示すことがわかった．これは，正常側の時計が盲目側の時計を自分の位相に同調させようとしていることを示している．詳しい解析の結果，盲目側時計の主観的夜には位相後退

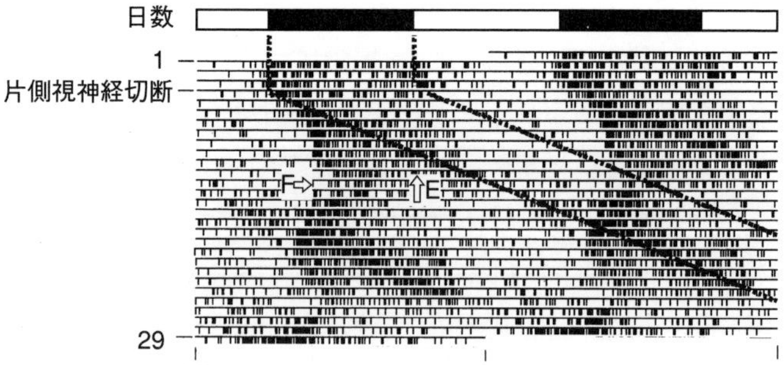

図 9・10　片側の視神経を切断されたフタホシコオロギの活動リズム
破線は暗期開始と終了を示す．Tomioka（2003）より改変

を，主観的昼には位相前進を引き起こすことがわかった．正常な個体ではこのような同調作用が相互に働いていて，左右の時計が同調していると想像できる．この視葉時計間の同調作用は神経性のものであり，左右の視葉間を連結する神経路を切断することで破壊される（Yukizane と Tomioka，1995）．

9・3・3　脊椎動物の複数振動体系

いくつかの鳥類では，時計は網膜，松果体そして視交叉上核にあることが知られている．リズムを支配する重要度は，それぞれの鳥によって著しく違っている（海老原，1991）．たとえば，ニワトリやウズラでは松果体をとっても行動のリズムは影響されないが，スズメやハトでは松果体をとるとリズムが消失する．これらの複数の時計間では，**メラトニン**が時刻情報を伝達する物質として働いていることが示されている．

輪回し行動が非常にきれいなリズムを示すハムスターでは**リズム分割**が観察されている．ハムスターを恒明の環境下に長期間さらしておくと，自由行動リズムの活動期が次第に短くなり，さらにそこから2つの活動期が現れて，それぞれが違った周期でしばらく自由継続する．この 2 つの活動期の相対的な関係が 180 度の位相になるとそこで安定して，2 つの成分はそのままの位相角関係を保ったまま継続する．この現象がリズム分割であり，その背後に視交叉上核中の2つの振動体が関与することが示唆されている（de la Iglesia ら，2000）．

9・3・4　ヒトの睡眠―覚醒リズムと体温リズム

ヒトにおいても，2 つの振動体が存在するらしいとする所見がある．ヒトを恒常条件下で長期間生活させると，**図 9・11** に示すように，体温リズムと睡眠―覚醒リズムが**内的脱同調**を起こし，体温リズムが約 25 時間で自由継続するのに対して，睡眠―覚醒リズムは 30 時間を超えるような長い周期で自由継続する場合がある（Wever，1979）．この現象は，体温リズムを支配する視交叉上核にある振動体とは別に，睡眠―覚醒を支配する振動体がどこ

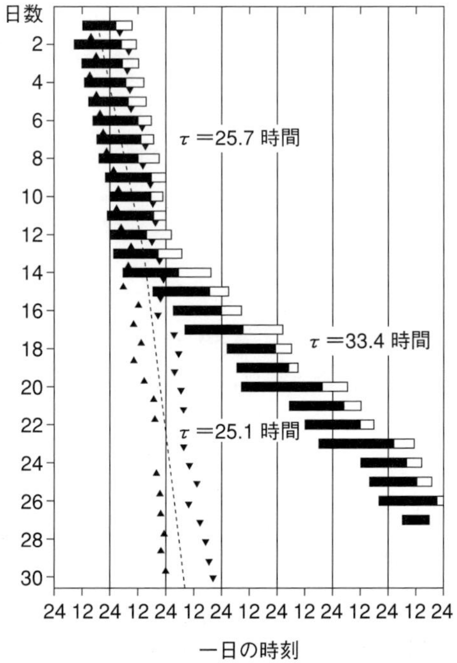

図9・11　ヒトにおける睡眠一覚醒リズムと体温リズムの分離
□，睡眠；■，覚醒；▲，直腸温の最高値；▼，直腸温の最低値．
Wever（1979）より改変

かにあるとすれば説明できる．一方，このような現象は，睡眠と覚醒のタイミングを支配する代謝過程の閾値に約24時間の周期性を取り入れれば，2つの振動体を仮定しなくても説明ができるとするモデルも提案されている(Daanら，1984；12・1・2項参照)．

9・4　光周性の神経機構

動物の光周性には，少なくとも光受容器・**光周時計**(photoperiodic clock)すなわち日長を測定する**測時機構**とその情報を貯えておく**計数機構**・内分泌(出力)系の3つのメカニズムが必要である（**図9・12**)．このうちで，光受

スポットライト 14

視交叉上核非依存リズム

哺乳動物の生物時計の中枢は視交叉上核であると述べてきたが，視交叉上核がなくても行動にリズムをひき起こすことができることが知られている．一つは制限給餌によるリズムである．たとえば，夜行性で大半の餌を夜に食べるラットやハムスターの食事を制限して，毎日昼間の同じ時刻にだけ餌を与える．これを数日くり返すと，動物は昼間に活動し，本来の活動期である夜はあまり活動しなくなってしまう．しかも餌が与えられる時刻を予期して，餌を与える前から活動も上昇し，消化酵素が分泌される．このリズムはいわば，外から周期的な刺激を与えているのであるから，それは生物時計の柔軟性，適応性を表すものと考えることもできるが，大事なのは，このリズムが視交叉上核の存在に依存しないことである．視交叉上核を破壊されてリズムがなくなった動物でも制限給餌によるリズムは誘導されるし，餌の時刻を予知する行動は消えない．実際，視交叉上核の活動は，制限給餌によって行動が昼間に集まってしまってもそれに影響されず，位相を変えない．これは，摂食という行為が生物にとっていかに大事であるかを表している現象である．視交叉上核のリズムに従っていては個体の生命を維持できないような状況では，そのリズムを離れて活動する自由を与えられていると見なすことができる．

もう一つ知られている視交叉上核非依存的リズムは，アンフェタミンなどのアミンに作用する覚醒剤を与えられたときに生じるリズムである．覚醒剤を飲水に混ぜて投与されたラットは，明暗条件下に置かれていても，30 時間もの異常に長い周期の自由継続する活動リズムを示す．これも視交叉上核が破壊された動物でも観察される．

これらの視交叉上核非依存リズム現象は，視交叉上核以外にリズムを示す要因が生体内にあることを示している．最近，時計遺伝子が脳内のみならず身体の多くの組織で発現していることが発見されたが，このことに関係しているのではないかと予想されている．

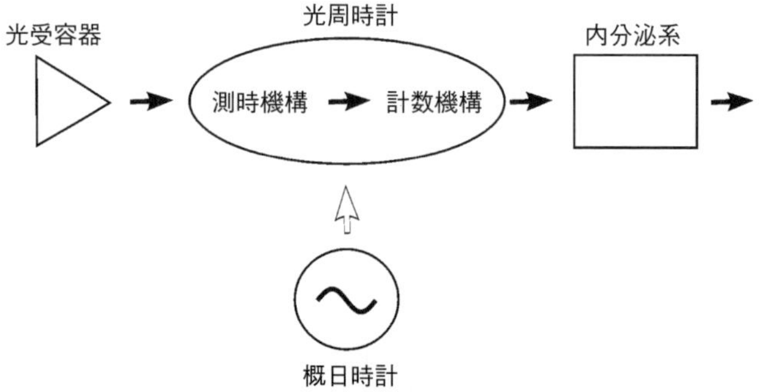

図9・12　動物の光周性機構の概念図

容器や内分泌系に関する研究はこれまでに数多くある．しかし，その間にある光周時計に関しては，日長を測定する際に概日時計が関与していることはすでに説明したとおりであるが（8・2節参照），これらのしくみが神経系のどのような場所でどのようにして行われているかという研究は遅れている．

9・4・1　脊椎動物の光周性機構

動物の中で，光周性にかかわる神経機構が最もよく調べられているのは哺乳類である．哺乳類では光情報は眼（網膜）によって受容され，概日時計の存在する間脳視床下部の視交叉上核へと，視覚情報を伝える視神経とは別の網膜視床下部路を通して伝えられる．さらに，視交叉上核の電気的活動に関する情報は視交叉上核から松果体へと神経経路で伝えられ，松果体のメラトニン合成を調節する．ここまでは，概日リズムを形成する神経機構と共通である．そして，このメラトニンが視床下部にある神経分泌細胞の**生殖腺刺激ホルモン放出ホルモン**（gonadotropin releasing hormone；GnRH）分泌に影響し，その結果として下垂体の生殖腺刺激ホルモン分泌が促進あるいは抑制されることによって生殖に関する光周性が示される．松果体は血液脳関門の外にあるので，松果体で合成，分泌されたメラトニンが直接視床下部の細胞に伝わるとは考えられず，いったん血流中に入ってから視床下部の細胞に

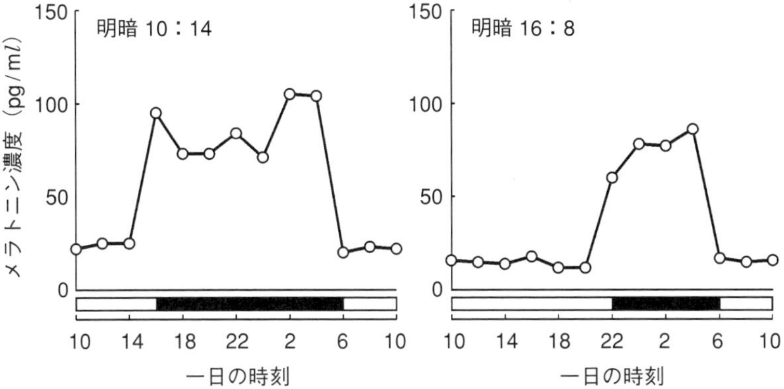

図 9・13　シバヤギ血液中のメラトニン濃度の日周変動
Mori と Okamura（1986）より改変

影響すると考えられる．松果体のメラトニン合成が視交叉上核の活動の影響を受けるため，血液中のメラトニン濃度は日周変動を示すばかりではなく，短日条件では血中濃度の高い時間が長くなり，長日条件では短くなる．図 9・13 にシバヤギ（*Capra hircus aegagurus*）の場合を示す（Mori と Okamura, 1986）．このような動物では，この血中メラトニン濃度が高い時間の長さを視床下部の細胞が読みとることで生殖に関する光周性が示されると考えられ，この考え方は**持続時間仮説**（duration hypothesis）と呼ばれる（Reiter, 1987）．しかし，血中メラトニン濃度が高い時間の長さを読みとるしくみは明らかでない．一方，ゴールデンハムスターではメラトニン濃度が高い時間は長日でも短日でも短く，そのピークの高さにも差がないが，ピークの時刻が異なる．そして，これとは別に標的細胞におけるメラトニン受容体の感受性を支配する時計があり，その時計とメラトニン濃度のピークを決めている時計との位相関係によって日長が読みとられていると考えられている．すなわち，短日条件ではメラトニン受容体の感受性の高い時期とメラトニン濃度が高い時期が一致するため，メラトニンの生殖腺抑制効果が現れる（Reiter, 1987）．この考え方は，**内的符合仮説**（internal coincidence hypothesis）と呼ばれ，内的符合モデル（8・2・4 項参照）における 2 つの概日時計の実体を具体的に示したものといえる．

鳥類では，概日時計の同調と同様に，光周性においても松果体および脳深部の光受容器の関与が示されている．

9・4・2　昆虫の光周性機構

昆虫では，**脳**が光周性のための光受容器としてはたらくことは古くから知られているが，体外にとり出した脳が光周性のための光受容を行うことができるという実験によって決定的に証明された．カイコでは，母親の経験した光周期によって子世代の卵が休眠するかどうかが決定される．親世代の卵期の長日条件が休眠を誘導するが（Kogure，1933），大造（だいぞう）という品種では親世代の幼虫期の短日条件が休眠を誘導する．Hasegawa と Shimizu（1987）は，この品種を使って，長日条件で育てた幼虫の脳と食道下神経節のつながったものを5齢第1日にとり出し，4日間シャーレの中で培養した．このときに培養している容器を長日条件（明暗20：4）または短日条件（明暗8：16）に置く．その後，この脳をやはり長日条件で育った5齢第5日の幼虫の腹部に移植し，それが蛹になり成虫となった後に，休眠卵を産むか非休眠卵を産むかが調べられた．その結果，体外で培養中に与えられた日長によって休眠卵を産む成虫の割合に大きな違いがみられた（**図9・14**）．したがって，完全に身体の外に切り出された「脳―食道下神経節」が，光周期を受容してその情報を保持していたことがわかる．この場合には，休眠ホルモンを分泌するのは食道下神経節であり，光受容を行うのは脳であると考えられる．カイコのほか，オオモンシロチョウとタバコスズメガ（*Manduca sexta*）の幼虫，サクサン（*Antheraea pernyi*）とモンシロチョウの蛹，そしてソラマメヒゲナガアブラムシの成虫において，脳が光周性のための光受容を行っていることが明らかになっている．

脳の光受容器の役割を指摘した研究は多いが，脳のどのような細胞がどのようにして行っているかは明らかではない．脳が光周性のための光受容を行っていると考えられるガの幼虫や眼のないダニを，**カロテノイド**をとり除い

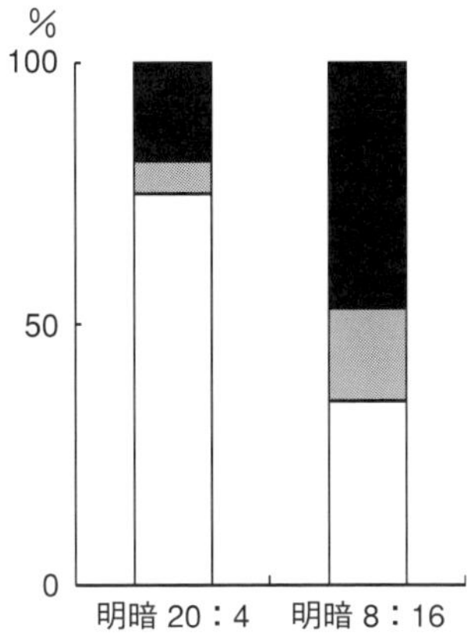

図 9・14　カイコの培養された脳—食道下神経節複合体による光周性
休眠卵を産んだ雌（■），非休眠卵を産んだ雌（□），休眠卵・非休眠卵の両方を産んだ雌（▩）．実験条件は本文を参照．
Hasegawa と Shimizu（1987）の表から作図

た餌で飼育すると光周性が失われることが報告されている（Takeda，1978など）．眼の網膜にある**ロドプシン**は，レチナールという発色団を含むが，植物食の昆虫やダニでは，レチナールは餌のカロテノイドに由来する．さらに，脳が光周性のための光受容を行っているソラマメヒゲナガアブラムシの脳には，昆虫や脊椎動物のロドプシンに対する抗体と結合する神経繊維があった（Gao ら，1999）．最近，カイコ幼虫の脳で発現しているロドプシン様タンパク質の遺伝子がクローニングされ，このタンパク質が脳の特定の細胞に存在することが示された（Shimizu ら，2001）．これらの結果から，脳にレチナールを含むロドプシンに似た分子が存在し，それが光周性のための光受容を行っている可能性が考えられる．一方，9・2・1 項で述べたように，キイロショウジョウバエの概日時計の同調には，眼以外の**クリプトクロム**という，レチナールではなくフラビンを含む色素による光受容が関係している（10・3・3 項も参照のこと）．昆虫の脳では，概日時計の同調のためにはクリプトクロムがはたらいており，光周性のためにはロドプシンのような分子がはたらいているのだろうか，今後の研究の発展が待たれる．

一方，**複眼**が光周性のための光受容を行う昆虫も報告されている．ホソヘリカメムシ成虫において複眼が光周性にかかわる主要な光受容器であること

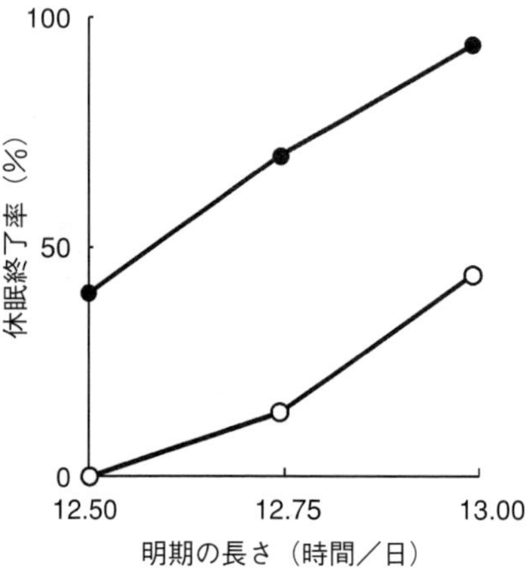

図9・15 ホソヘリカメムシの光周性における複眼の役割
無処理(○)および複眼に蓄光性塗料を塗布したもの(●)の結果を示す．
Numata と Hidaka (1983) より改変

を示した実験結果を**図9・15**に示す（Numata と Hidaka, 1983）．ホソヘリカメムシの休眠成虫は短日条件に保たれると休眠を維持し，長日条件にさらされると休眠を終了する．時計の文字盤に使われる蓄光性の塗料を休眠成虫の複眼に塗って，臨界日長あるいはそれより少し短い日長に置いたところ，臨界日長は約30分短縮した．すなわち，複眼に塗られた塗料が消灯後しばらく輝いていた時間だけ，実際に与えた明期の長さよりも長いと判定した．さらに，複眼はたくさんの個眼からなっているが，ホソヘリカメムシではそのうち中央部分の個眼が光周性において重要である（Morita と Numata, 1997）．このほかに，エゾホソナガゴミムシ，マダラスズ，ルリキンバエ（*Protophormia terraenovae*），チャバネアオカメムシの成虫において複眼が光周性のための光受容を行っていることが明らかになっている．

光周時計の理論的なしくみに関する研究には，昆虫における実験結果が大きく貢献してきたが（8・2節参照），神経系のどこで，そしてどのようにして日長が測定され，その情報が保持されているかはほとんどわかっていない．8・2節で説明したように，理論的な構造から判断すると，光周性に概日時計がかかわっていることは間違いないが，分子レベル・細胞レベルでそのしくみが明らかになっている概日時計と，どのような関係にあるのかはわかっていない．概日時計において重要な役割を果たしている *period* 遺伝子とその産物である PERIOD タンパク質，脊椎動物の光周性で重要な役割を果たしているメラトニンとその合成酵素，ゴキブリやコオロギなどの概日リズムを支配している視葉の時計など，さまざまな観点からのアプローチがなされているが，決定的な結果は得られていない．

第10章 概日時計の分子機構

概日時計の分子機構の研究は生化学的研究から始まり，時計遺伝子の研究へと進んできた．1960年代から，いろいろな代謝阻害剤やタンパク合成阻害剤などを用いた研究が行われ，時計の分子機構の解析が進められた．それらの研究が基礎となって，今日の時計遺伝子の華々しい研究の発展がある．この章では，時計の分子メカニズム研究の歴史を概観し，時計の分子機構の考え方の変遷を紹介する．そして，遺伝子発現を含む現在の時計仮説を紹介することにする．

10・1　化学物質による概日時計の要素の解析

概日時計にかかわる要素を明らかにする一つの方法は，化学物質による位相や周期の変化を解析することである．ある化学物質が，リズムの位相や周期を変化させれば，その化学物質が作用する対象が時計を構成する要素であると推定される．この手法で，代謝，光合成，呼吸などの阻害剤の影響が，渦鞭毛藻やミドリムシをはじめ数種の単細胞生物で調べられた．たとえば，**代謝阻害剤**としては $AgNO_3$，$CaCl_2$，KCl，$FeCl_3$ など，成長因子としてはジベレリンやカイネチン，**有糸分裂阻害剤**としてはウレタンと FUdR，**呼吸阻害剤**としてはシアン，PCMB，DNP，光合成阻害剤としては DCMU，CMU などである．これらで処理した場合，それぞれの標的とされる生理現象それ自体は阻害されるが，多くの場合，リズムの位相や周期はほとんど影響を受けない．したがって，概日リズムは化学物質による影響を受けにくいという考えが生まれた．

重水（D_2O；$D = {}^2H$）は周期に確実に影響を与える数少ない物質の一つである．D_2O はいろいろな生物の概日リズムの周期を可逆的に延長する効

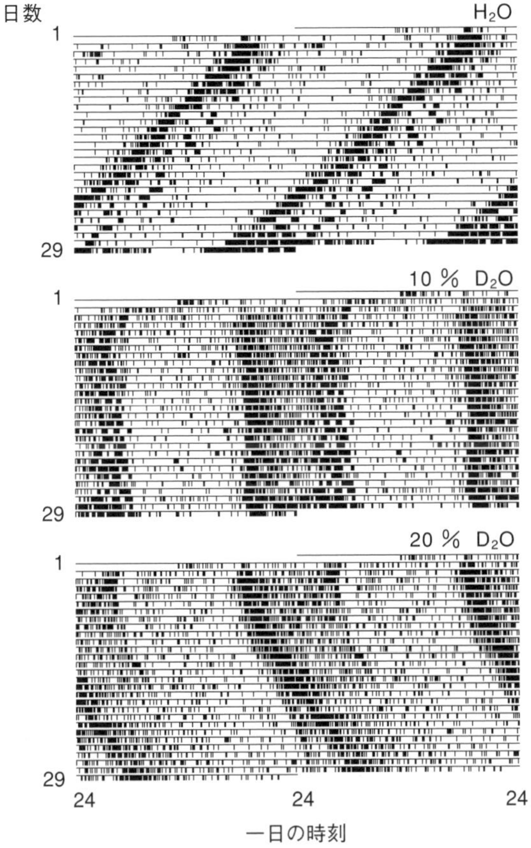

図 10・1　D_2O による恒暗下でのコオロギ概日活動リズムの周期の延長

果をもち，その効果は濃度依存的である．たとえば，フタホシコオロギの歩行活動リズムの周期は恒暗条件下では通常 24 時間よりも少し短いが，飲み水に D_2O を加えるとその濃度に依存して周期が延長し，20 % D_2O では約 24.5 時間となる（図 10・1）．Enright（1971）は，D_2O の作用は細胞膜を隔てたイオン分布に影響を与え，神経活動や細胞膜に関係した生理活動に影響し，それによって周期を延長すると想像している．

10・2 遺伝子発現系阻害剤の影響

上述のような一般的な生理活性の阻害の研究とほぼ同時に，タンパク合成や RNA 合成などの遺伝子発現関連に作用が限定された阻害剤の影響が調べられ始めた．対象とされたのは周期や位相などへの影響である．たとえば，

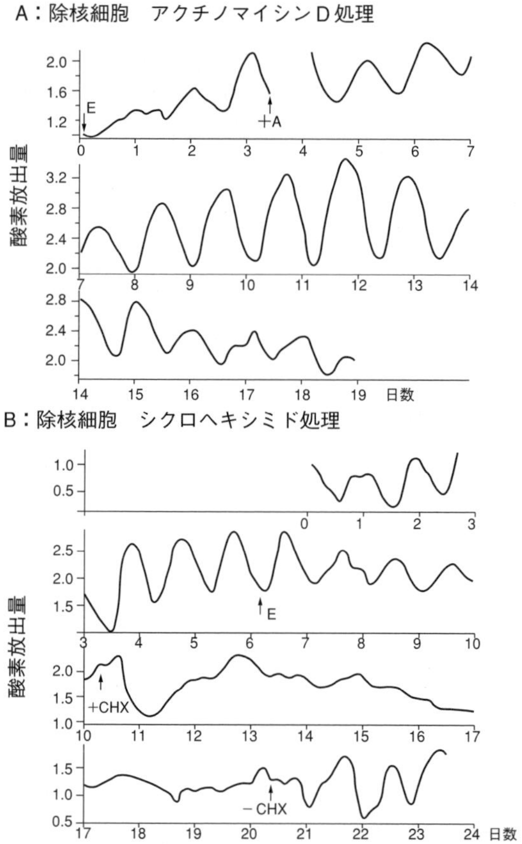

図 10・2　カサノリ光合成リズムへの除核と RNA 合成阻害剤（A）およびタンパク質合成阻害剤（B）の影響　+A，アクチノマイシン D 投与；E，除核；+CHX，シクロヘキシミド投与；−CHX，シクロヘキシミド除去．
Mergenhagen と Schweiger（1975）より改変

カサノリ（*Acetabularia mediterranea*）では核の移植実験から，光合成リズムの位相制御に核が決定的役割を果たすことが知られており，したがって遺伝子発現がリズムの発現に必須かどうかが大きな関心事であった．種々の実験により，**DNA 依存性 RNA 合成阻害剤**アクチノマイシンDによる処理では正常カサノリ細胞の光合成活性リズムは阻害されたが，除核細胞では阻害されないことが示された（**図 10・2 A**；Mergenhagen と Schweiger，1975）．さらに，リファンピシンで細胞小器官の RNA 合成を阻害しても，正常細胞，無核細胞ともにリズムはまったく影響されない．これらの結果から，カサノリでは，日周的な転写は核でも細胞小器官でも概日リズムに必須ではないと考えられている．また，渦鞭毛藻（*Gonyaulax polyedra*）でもアクチノマイシンDのパルス処理では時計の位相変位は誘発されず，アメフラシの眼でも，カンプトテシンによる連続的 RNA 合成阻害が濃度依存的に時計の周期を延長したが，パルス処理では位相に影響はなかった．これらの結果からは，転写が時計の振動機構に決定的な役割を果たすとは結論されなかった．

一方，**タンパク合成阻害剤**による実験結果からは，翻訳が時計機構に含まれることが示唆された．たとえば，ミドリムシの走光性リズムの周期は，真核生物の 80 S リボソーム上でのタンパク合成を阻害するシクロヘキシミド（CHX）で濃度依存的に延長する（Feldman，1967）．この場合，時計の位相そのものも変化することが示されており，CHX によるタンパク合成阻害が時計そのものに影響したことが示唆される．カサノリでも CHX の連続投与で，除核細胞の光合成リズムが阻害された（**図 10・2 B**）．この阻害は 70 S リボソーム上での翻訳を阻害するクロラムフェニコールでは起こらないことから，カサノリのリズムには 80 S リボソーム上での翻訳が必要であると説明された．その後，同様に連続したタンパク合成が概日リズムの継続に必要であることが，渦鞭毛藻，アカパンカビ，アメフラシ，コオロギでも示されている．**図 10・3** は，コオロギの視葉概日時計におけるタンパク質合成の阻害実験の結果を示したものである．CHX による 6 時間パルス処理では，

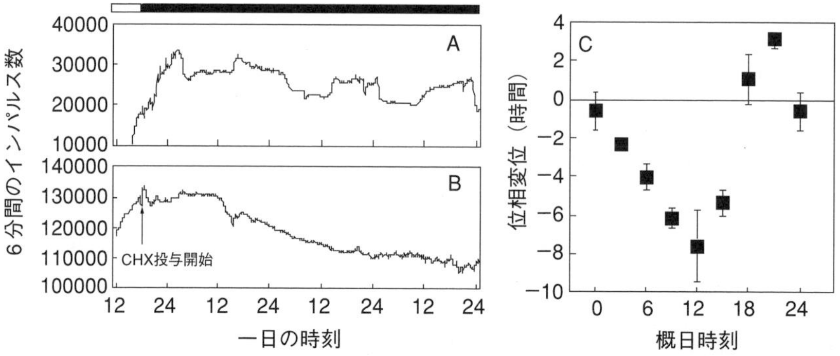

図10•3　コオロギ視葉自発的電気活動の概日リズム（A）とそれへのタンパク合成阻害剤の影響（B, C）　Bでは矢印からシクロヘキシミドを連続的に処理している．Tomioka（2000）より改変

主観的昼の後半から夜の前半で位相の後退が，夜の後半では位相の前進が生ずる（**図10・3C**）．一方，連続的に処理するとリズムは消失する（**図10・3B**）が，CHX除去後に現れてくるリズムは常に，CT 12付近で再駆動を始めることが示されている．これらの結果は，タンパク合成が時計の動きに必須であることと，タンパク合成が時計の位相依存的に主観的夜に活発に起こることを示唆している（Tomioka，2000）．

10・3　ショウジョウバエの時計機構：時計遺伝子 *period*

時計機構に遺伝子がかかわることが本格的に研究されるようになったのは，キイロショウジョウバエ時計突然変異 *period* が単離されたことに始まる．Konopka と Benzer（1971）は，キイロショウジョウバエ野生型を突然変異誘発剤（エチルメタンスルホン酸；EMS）で処理することにより，羽化リズムと活動リズムの両方に影響を与える3種の突然変異を得た．それらは，恒暗条件下での周期が約28時間の長周期系統，約19時間の短周期系統および無周期系統である（**図10・4**）．マッピングの結果，それらはすべてX染色体上の同一の遺伝子の突然変異であることがわかったので，その遺

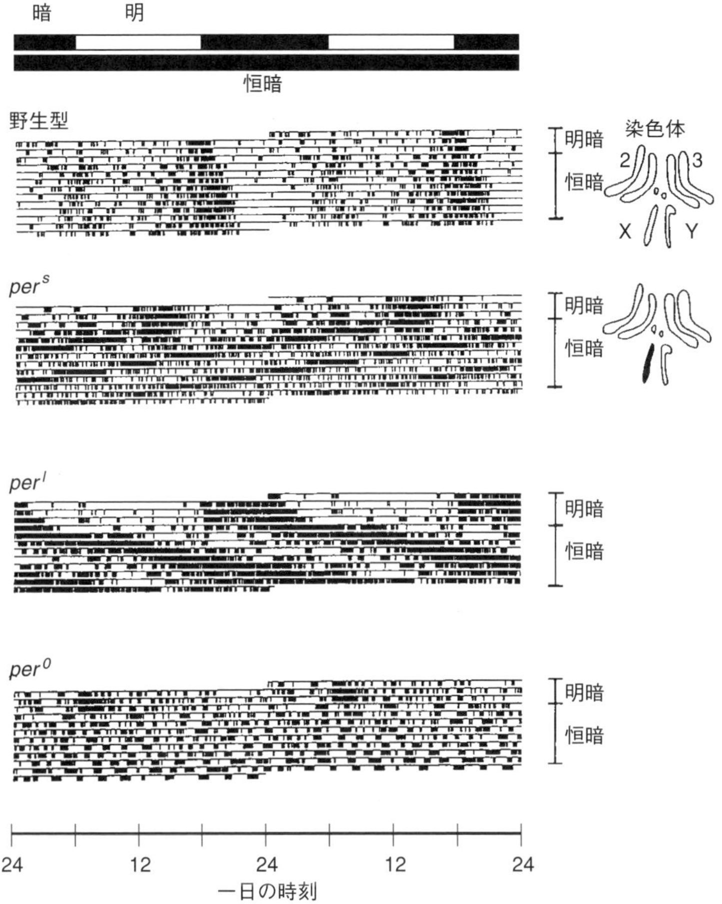

図 10・4　キイロショウジョウバエ野生型と *period* 突然変異体の明暗と恒暗条件下での活動リズム　per^s，per^l，per^0 はそれぞれ，短周期，長周期および無周期突然変異を示す．松本　顕 氏原図

伝子を **period**（*per*）と名づけた．長周期，短周期，無周期系統はそれぞれ，per^l，per^s，per^0 と呼ばれることになった．その後，この *per* 遺伝子の役割が詳細に解析された．発見当初は，遺伝子の機能の解析にはもっぱら古典遺伝学的な手法が用いられた．その結果，遺伝子を 2 倍量にすると周期

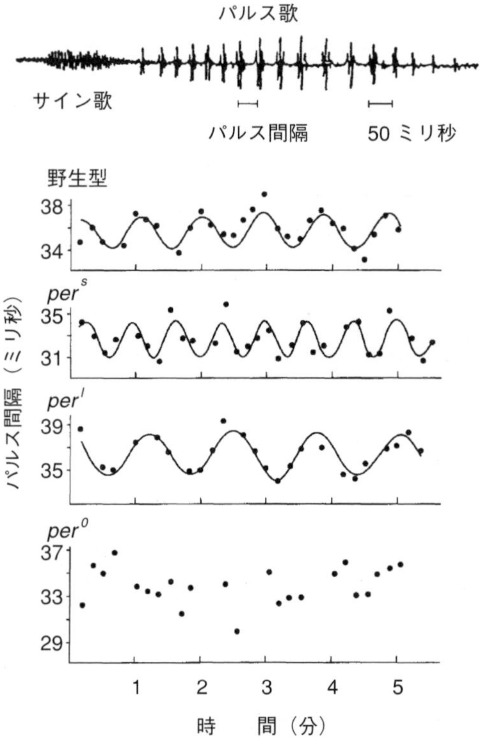

図 10・5　キイロショウジョウバエの求愛歌のパルス間隔のリズム
Kyriacou と Hall（1980）より改変

が変化することや，per^{0} は劣性であり，per^{l} や per^{s} は不完全優性であることなどがわかった．また，ウルトラディアンリズムにも *per* 遺伝子が関与することが報告されている．キイロショウジョウバエでは求愛行動時に雄が雌に対して片側の羽を広げて振動させ発音する．この求愛歌はサイン歌とパルス歌からなり，パルス歌のパルス間隔（interpulse interval）は数十秒の周期で周期的に変動するが，この変動の周期が per^{l} では長く，per^{s} では短く，per^{0} では無周期になる（**図 10・5**；Kyriacou と Hall，1980）．

1980 年代に入って分子生物学的手法が発展してくると，*per* 遺伝子がク

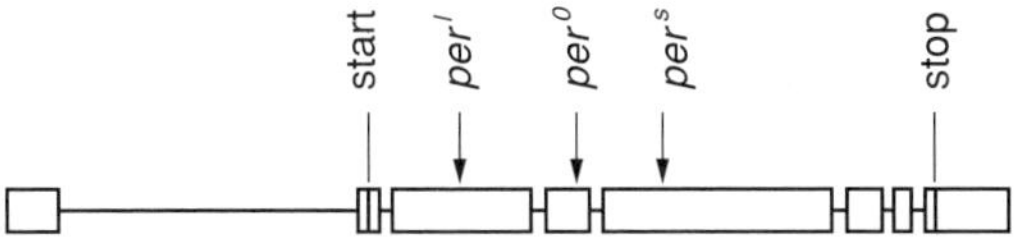

図 10・6　***period* 遺伝子の構造**　四角はエキソンを，バーはイントロンを示す．それぞれの突然変異の位置を矢印で示している．
Baylies ら（1987）より改変

ローニングされ，その機能の分子レベルでの解析が急速に進展した．クローニングされたDNAの塩基配列から，*per* の産物タンパクPERIOD（PER）はアミノ酸1218個からなる分子量127 kDaのタンパク質であることが推定されたが，当時既知のタンパク質にはこれと相同なアミノ酸配列をもつものはなく，新しい機能性タンパク質であることが推定された．各 *per* 突然変異系統はそれぞれ，たった1つの塩基の置換により生ずることもわかった（図10・6）．per^l では3629番目の塩基置換によりバリンがアスパラギン酸に，per^s では4793番目の置換でセリンがアスパラギンに，per^0 では4355番目の置換によりグリシンが終止コドンになっている．per^0 ではこの終止コドンに変わったことにより，野生型の約3分の1の短いペプチドしかつくることができず，時計が不完全となる（Baylies ら，1987）．

一方，推定されたアミノ酸配列を基にして合成されたペプチドを用いて抗体が作製され，*per* 遺伝子を発現する細胞が探索された．その結果，*per* 遺伝子は複眼の光受容細胞や脳の側方部にあるニューロン（**脳側方部ニューロン**），グリア細胞などで発現することがわかった（図10・7 A）．神経系の突然変異体を使った行動実験の結果と合わせて，脳側方部ニューロンが活動リズムを支配する時計細胞であると考えられるようになった．さらに，抗体を用いたPERタンパク質のウエスタンブロットやRNaseプロテクションアッセイによるmRNA量の変動の解析など，*per* 遺伝子発現の時間経過の解析から，mRNAもPERタンパク質も共に約24時間の周期で発現することが明らかとなった（図10・7 B, C）．mRNAへの転写は明期の後半から始ま

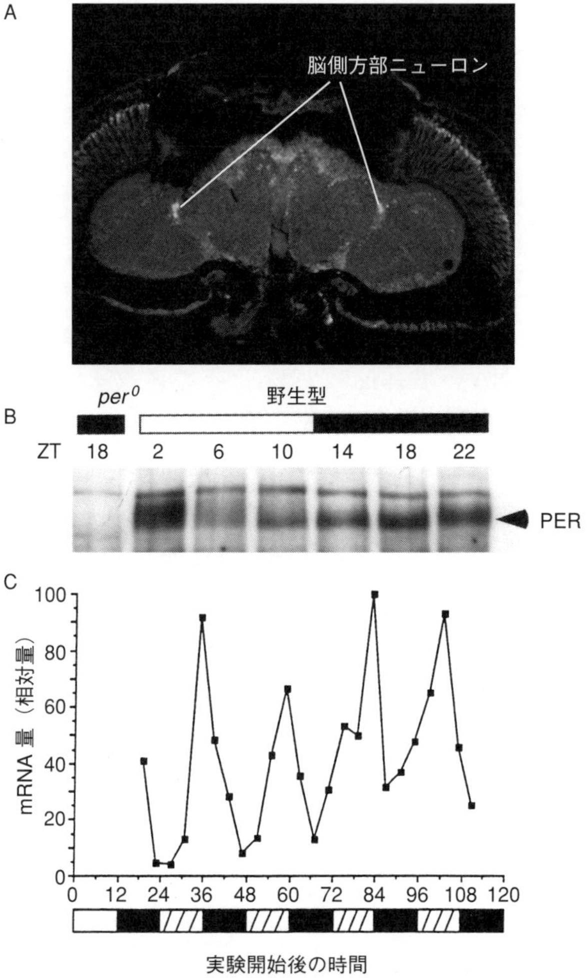

図 10･7 キイロショウジョウバエ *period* 遺伝子の発現部位と発現リズム

A：抗 PER 抗体を用いたハエ頭部水平断組織切片の免疫組織染色像
B：抗 PER 抗体によるハエ頭部抽出タンパク質のウエスタンブロット
左端は per^0 で，PER タンパク質の発現がない．□，明期；■，暗期．
C：*per* mRNA の恒暗条件下での RNase プロテクションアッセイ
▨，主観的昼；■，主観的夜．Hardin ら（1990）より改変り，暗期のはじめにピークを迎える．一方，タンパク質量はそれから数時間遅れて，暗期の後半に発現量のピークを示す．その後の免疫組織化学的研究により，PER タンパク質は夜の前半には細胞質に多く存在するが，夜の後半には核に移行することが明らかにされ，*per* 遺伝子は，その産物である PER タンパク質が自身の mRNA の転写を抑制する**負のフィードバックループ**を形成しており，それが時計分子機構の中核をなすであろうと推察された（図 10・8）．PER タンパク質は，夜間に次第にリン酸化されるが，このリン酸化が PER タンパク質の分解に深くかかわっている．最近になって，このリン酸化に関係した遺伝子が新たに同定され，*double-time* と命名されている（Price ら，1998）．

10・3・1　PER タンパク質を核へ運ぶ TIMELESS

ところが，PER は単独では核へ移行できない．PER を核へと運ぶ別のタンパク質が必要である．このタンパク質をコードしているのが第 2 染色体上にある *timeless*（*tim*）遺伝子である．その名の通り，*per* 遺伝子が正常であっても，この遺伝子の異常により活動リズムがなくなり，そのとき PER

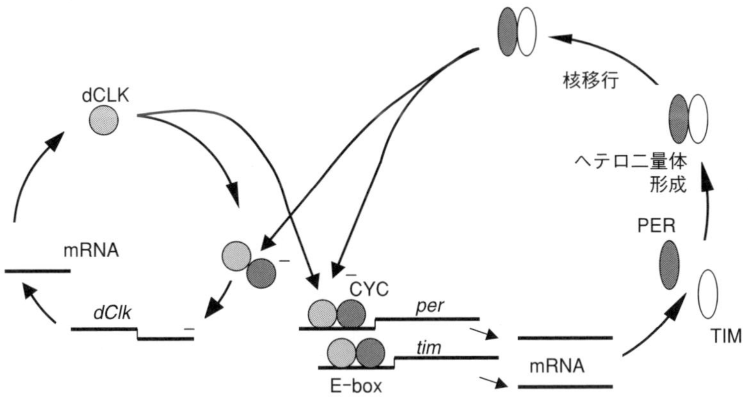

図 10・8　キイロショウジョウバエ概日時計の分子機構のモデル
—は抑制を示す．

タンパク質が核へは移行できなくなる（Sehgal ら，1994）．この遺伝子もクローニングされ，*per* 遺伝子との相互作用や発現経過などが詳しく研究された．

tim 遺伝子は *per* 遺伝子とほぼ同一の時間経過で転写され，翻訳される．TIMELESS（TIM）タンパク質は PER タンパク質とヘテロ二量体を形成することで，単体では不安定ですぐ分解されてしまう PER を安定化すると共に，両者がもつ細胞質局在シグナルを無効にして，核へと移行させる．核移行後は，この PER–TIM 複合体が *per*，*tim* の転写を抑制すると考えられた（図 10・8）．しかし，これまでに知られている転写因子がもつベーシック・ヘリックス・ループ・ヘリックス（bHLH；basic helix loop helix）やジンク・フィンガー（zinc-finger）などの **DNA 結合領域**は，TIM にも PER にもなく，どのようにしてこれらが抑制をかけるのかが長い間の謎であった．この謎は，1998 年の 2 つの新たな遺伝子の発見によって解けることになった．

10・3・2　転写を活性化する時計遺伝子 *cycle*，*dClock*

dClock（*dClk*）と ***cycle***（*cyc*）は，ショウジョウバエで新たに見つかってきた時計遺伝子である（Allada ら，1998；Rutila ら，1998）．それぞれ，その突然変異は無周期となる．これらの遺伝子はその塩基配列のなかに，bHLH 領域をもつ**転写制御因子**をコードしている．塩基配列の解析の結果から，*dClk* 遺伝子と *cyc* 遺伝子は，すでにクローニングされていた，マウス *Clk* 遺伝子とヒト *Bmal 1* 遺伝子のそれぞれ**ホモログ**（相同遺伝子）であることがわかった．この 2 つの時計遺伝子は共に **PAS 領域**と呼ばれる特殊なアミノ酸配列をコードする領域をもっており，それを介してその産物である **dCLOCK**（dCLK）タンパク質と **CYCLE**（CYC）タンパク質はヘテロ二量体を形成し，*per* 遺伝子と *tim* 遺伝子のプロモーター領域にある **E ボックス**（CACGTG，すなわち，シトシン，アデニン，シトシン，グアニン，チミン，グアニンと続く配列）に結合して，これらの遺伝子の転写を促進す

ると考えられている．現在提出されている仮説では，PER タンパク質とTIM タンパク質のヘテロ二量体は，この dCLK-CYC ヘテロ二量体による転写の活性化を抑制すると考えられている（図 10・8）．ところで，dCLK タンパク量も周期的に変動し，PER タンパク質から少し遅れて夜明けごろにピークを示す．この dCLK タンパク質の周期的な発現に関しても PER-TIM の関与が報告されている．dCLK-CYC ヘテロ二量体は別の要素を介して *dClk* 遺伝子の転写を抑制しており，核に移行した PER-TIM ヘテロ二量体は dCLK-CYC に作用して間接的にこの抑制を解除し，*dClk* 遺伝子の転写を活性化することを示唆する実験的結果が得られている．今までの知見を総合すれば，概日時計は *per-tim* のフィードバックループと *dClk* のフィードバックループの 2 つが相互に結びついた**二重ループ**からなると説明される（Glossop ら，1999）．

しかし，このフィードバックループには注意を要する点がある．*per*，*tim* の mRNA 量は昼の後半にピークを示しその後減少する．すなわち，充分量の PER，TIM が合成され，核移行するより何時間も早く減少を始めるのである．このことは，この単純な負のフィードバックでは説明できない．なにかが PER-TIM によるフィードバック以前に転写に抑制をかけ，それをさらに負のフィードバックで確実にしているように思われる．

10・3・3　光同調の分子機構

光同調のメカニズムは時計分子の光に対する反応の面から説明できる．ショウジョウバエでは，光照射により TIM タンパク質量が急激に減少することが発見された（Suri ら，1998）．TIM の減少は，PER タンパク質を不安定にし，減少させることになる．この光による TIM および PER タンパク質量の低下が，時計の位相制御にかかわるのである．すなわち，夜の前半での TIM-PER 量の減少は TIM-PER 量が低い昼への位相後退を引き起こす．このときはまだ，*per*，*tim* の mRNA が存在するので，再び TIM-PER 量が上昇し，夜が再び始まることになる．一方，夜の後半でも同様に

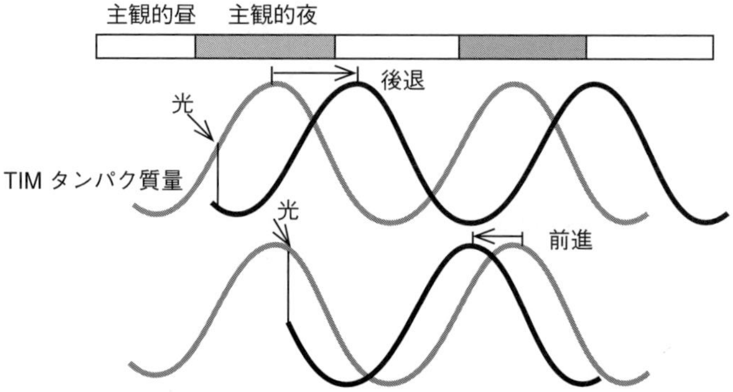

図10・9　光による時計のリセットのモデル

TIMとPERの減少が生ずるが，このときには両遺伝子のmRNAはすでになく，タンパク質の合成は生じない．すなわちこの場合には，次のサイクルの昼へと時計を前進させることになる（図10・9）．

ところで，光の同調効果は一時的なものではなく，しばしば時計に長期にわたる影響，すなわち**履歴効果**を及ぼす．たとえば，明暗比や周期などのパラメーターを変えた明暗サイクルに同調させておくと，その後の恒暗条件下での時計の周期や波形が光サイクルのパラメーターに応じて変化することが知られている．このような生理的現象は，まだ分子レベルでは説明できていない重要な課題である．

光同調の最初の段階で機能する光受容分子に関しては，いろいろ探索が試みられてきたにもかかわらず長い間不明であったが，Emeryら（1998）がそれを発見した．**クリプトクロム**（CRY）と呼ばれる青色光受容分子がそれである．この光受容分子は，紫外線によって損傷したDNAを修復するフォトリアーゼグループの一種で，フラビンを色素としている．この遺伝子に欠損のあるショウジョウバエ突然変異系統 ***cry***^{b} では光に対する同調性が低下している．CRYは光によるTIMの減少に関係することが示されている．一方，*cry*^{b} は明暗サイクルに同調することができ，この光同調能は複眼単眼の欠失変異（*sine oculis*，*so*）との二重突然変異体（*so*；*cry*^{b}）でも残るが，これらに加えて幼虫単眼の残存器官と考えられている H-B eyelet も欠如した *glass*（*gl*）との二重突然変異体（*gl cry^b*）では消失する．したがって，ショウジョウバエの光同調には，複眼，単眼および H-B eyelet の 3 つの外部光受容器からの光情報と，この脳内で発現する CRY を経由する光情報の両方がかかわっている（Helfrich-Förster ら，2001）．複眼などの外部光受容器からの情報が時計の位相変位をひき起こすしくみはまだ解明されていない．

10・3・4　ショウジョウバエ以外の昆虫での時計の分子機構

ショウジョウバエ以外の昆虫でも時計遺伝子の研究が進められている．イエバエ，ガなどで時計遺伝子 *per*，*tim* などがクローニングされている．さらに，抗 PER 抗体を用いたタンパク質レベルの研究も，ゴキブリや甲虫など数種の昆虫で進められている．多くの場合に mRNA やタンパク質の約 24 時間の周期的な発現が報告され，昆虫ではこれらの時計遺伝子が時計の振動機構にかかわることが確実視されている．ところが，ほとんどの種で PER タンパク質の核移行はまったく観察されていない．たとえば，サクサンでは，*per* の mRNA は日周的に発現リズムをもち，PER タンパク質も周期的に現れる．しかし，PER タンパク質は核へは移行しない．したがって，PER が核へ移行して抑制をかけるというショウジョウバエの負のフィードバックモデルではリズムの発現を説明できない．サクサンの PER 発現リズムを研究している Sauman と Reppert（1996）は，*per* mRNA と同時に**アンチセンス *per* RNA** が発現することを発見し，このアンチセンス RNA がリズム発振に関与することを示唆している．ショウジョウバエでも PER タンパク質によるフィードバックがかかる前から *per* mRNA の減少がみられることから，未知の機構で抑制がかかり発振が起こる可能性がある．いずれにしても，*per* のフィードバックループによるリズム発振のしくみは，各種の昆虫で比較し慎重に検討することが必要である．

10・4　菌類と原核生物の時計機構

アカパンカビは分子生物学的研究の材料として古くから使われている菌類である．アカパンカビの *band*（*bd*）という系統では，明瞭な分生子形成の概日リズムが現れる．この**分生子形成リズム**の突然変異の解析から，この背後にもいくつかの遺伝子の周期的発現が関与していることが明らかにされている．***frequency***（*frq*），***white collar-1***（*wc-1*），***white collar-2***（*wc-2*）などがこれまでに時計遺伝子として同定されている．タンパク質の挙動についてはまだ確実ではないが，ハエと同様に，*wc-1*，*wc-2* の産物タンパクWC-1，WC-2のヘテロ二量体が *frq* の転写を活性化し，*frq* の産物タンパクであるFRQがWC-1，WC-2に抑制をかけることで，自身の転写に負のフィードバックをかけ，それによってリズムがつくられると説明されている(**図10・10**；Lakin-Thomas，2000)．光によるリセットはWC-1，WC-2による転写の活性化で説明される．すなわち，夜のはじめの光照射ではタンパク質が増加し，減少するまでの時間差が位相後退を，夜の終りの照射ではタンパク質の増加が昼の状態への移行を早めることで位相前進をそれぞれ引き起こす．

原核生物でも遺伝子発現のリズムが関係している．シアノバクテリア(*Synechococcus* sp.) は光合成を行うバクテリアであり，その光合成活性には明瞭な概日リズムが現れる．突然変異を単離し，解析することにより，3

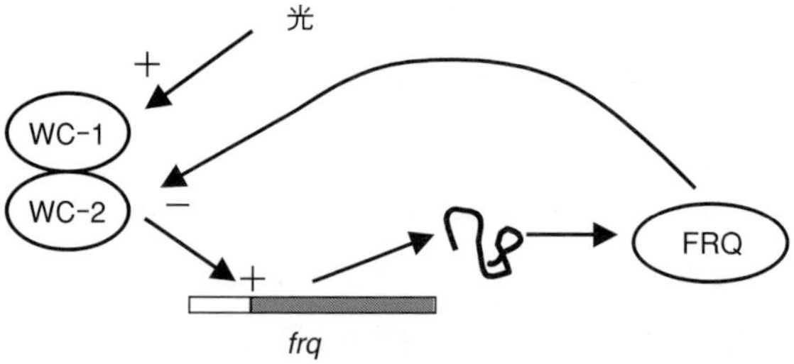

図10・10　アカパンカビの時計の分子機構　Lakin-Thomas (2000) より改変

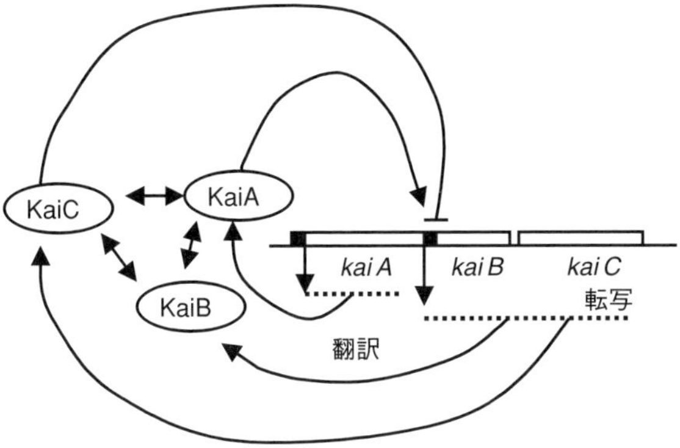

図 10・11　シアノバクテリアの時計の分子機構　Iwasaki と Dunlap（2000）より改変

つの重要な時計遺伝子が発見されている．それらは *kai A*，*kai B*，*kai C* と呼ばれており，それぞれ約 24 時間の周期で発現する．これらの遺伝子には *per* や *frq* とまったく相同性はないが，やはりハエやカビと同様に産物タンパクの負のフィードバックによってリズムがつくられるといわれている．すなわち**図 10・11** に示すように，3 つの *kai* 時計遺伝子は 2 つの mRNA に転写され，翻訳された 3 つの Kai タンパク質はさまざまな相互作用とフィードバック過程をへて，最終的には *kai A* と *kai B* 上流にあるプロモーターを制御する．Kai C は *kai B*，*kai C* の転写を抑制し，KaiA は促進する．このループが概日振動を発生すると考えられている（Iwasaki と Dunlap，2000）．

10・5　高等植物の時計機構

高等植物ではシロイヌナズナを中心にして研究が行われている．時計遺伝子の候補として，***LHY***（*LATE ELONGATED HYPOCOTYL*）と ***CCA 1***（*CIRCADIAN CLOCK ASSOCIATED 1*）があげられる．これらの遺伝子は恒明条件下で mRNA もタンパク質もその量に自由継続リズムを示し，

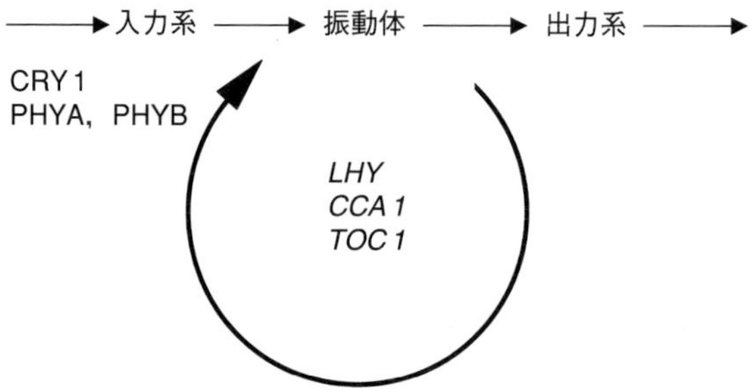

図 10・12　高等植物の時計の分子機構　Barak ら（2000）より改変

産物タンパクが自身の発現を抑制する．さらに，過剰発現させると葉の就眠運動や下子葉部伸長の概日リズムや他の遺伝子の日周期的発現が消失する．これらのことから，これらの遺伝子のフィードバックループが時計を構成すると推察されている．これらのほかに，遺伝子発現リズムの周期を短縮する突然変異から単離された ***TOC 1***（*TIMING OF CAB EXPRESSION 1*）遺伝子は，転写活性化因子 CONSTANS-LIKE ファミリーに共通の配列をもつ核タンパク質をコードし，時計そのものかあるいはそれに深く関与すると考えられている．しかし，これらのいずれの機能欠損突然変異系統でも，時計下流部の遺伝子群は正常な概日リズムを示すことから，これらが確実に時計遺伝子であるとの証明はなされていない．したがって，時計の振動機構はまだ不明であるが，昆虫やシアノバクテリア，アカパンカビなどの結果を踏まえて，おそらく自己フィードバックによる遺伝子発現のリズムが時計の振動機構であろうと推論されている（図 10・12；Barak ら，2000）．これらのほかに時計に関与すると思われる遺伝子がいくつも報告されているが，昆虫や哺乳類，シアノバクテリア，アカパンカビの時計遺伝子との共通性は今のところ見つかっていない．

光同調系に関しては詳細な解析が行われており，**フィトクロム A, B**（PHYA，PHYB）と**クリプトクロム 1**（CRY 1）が同調にかかわる光受容分子であることが示されている．PHYA は微弱な青色光と赤色光および強い遠赤色光に対する，PHYB は強い赤色光に対する概日時計の反応をそれぞれ仲介する．一方，CRY 1 は青色光を受容し，概日時計に入力する．複数の光受容分子が時計の同調機構にかかわることは，キイロショウジョウバエと共通していて興味深い．おそらく，広い波長領域の光環境下にあることに関連していると思われる．

10・6　脊椎動物の時計の振動機構

10・6・1　マウスの時計遺伝子

哺乳類の生物時計の研究は主として，ラットやハムスター，それに最近ではマウスを対象に行われてきた．ここでは，最近著しく発展しているマウスの分子機構をハエと比較しながら説明することにするが，マウスの機構はヒトでもほぼ同様に成り立っているものと考えられている．

哺乳類の生物時計の分子機構は，ショウジョウバエで行動異常の突然変異体から見つかった遺伝子に相同な遺伝子を探すことによって始まった．ショウジョウバエの *per* に相同な遺伝子が最初にクローニングされた（Tei ら，1997；Sun ら，1997）．その後，さらに *per* に相同の遺伝子が 2 つ見つかったので，それらは発見された順番に従って，*mPer 1*，*mPer 2*，*mPer 3* と命名された．マウスの遺伝子には *m* を，ラットの遺伝子には *r* を遺伝子の名前の前につける約束である．次に，ショウジョウバエの *per* を発見した方法と同様に，マウスでも遺伝子変異を誘発する薬を使って，リズムが異常を示すミュータントがスクリーニングされた．その研究の中から，*mClock* と名づけられた時計遺伝子が見つかってきた．その後ショウジョウバエにも相同な遺伝子 *dClock* があることが発見された．*mClock* と相互作用する遺伝子を探索した研究から，今度は *Bmal 1* と呼ばれる遺伝子が発見された．これも後になって，ショウジョウバエでは *cycle* と呼ばれる相同遺伝子があることが明らかにされた．さらにまったく偶然に，*mCryptochrome* という遺伝子の産物を光による DNA の修復酵素として研究していたグループが，この遺伝子の2種類 *mCry 1*，*mCry 2* を両方とも欠いたマウスが完全にリズムを失ってしまうことを発見した．

生物時計の発振機構に組み込まれた遺伝子のことを**時計遺伝子**と呼ぶことにすれば，今のところ，マウスではこれらの7つの遺伝子が時計遺伝子として確立されている．すなわち，3つの *mPeriod* 遺伝子，2つの *mCryptochrome* 遺伝子，*Bmal 1* 遺伝子（*cycle*），それに *mClock* である．これらはどれも哺乳類の生物時計機構がある視交叉上核で強く発現しており，*mPer*

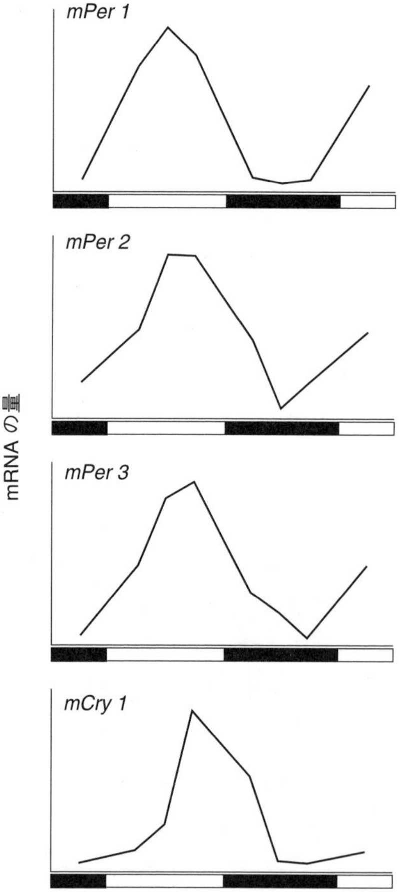

図10・13　視交叉上核における時計遺伝子のメッセンジャーRNA量の日周変動
mPer と *mCry* のメッセンジャーRNA量は視交叉上核で大きな振動を示している．
黒バーは暗期，白バーは明期を表す．

や *mCry* の mRNA 量は明瞭なリズムを示す（**図 10・13**）．

これらはショウジョウバエの生物時計機構にも見つかっている遺伝子であるが，そのはたらきは微妙に違っている．たとえば，哺乳類では *mPer* 遺伝子が 3 個あり，*mCry* が 2 つもある．代わりに *timeless* 遺伝子は哺乳類では生物時計の分子機構に含まれていない．ショウジョウバエでは *dClock* が日周変動して，*cycle* は一定の発現を示すが，マウスでは *cycle* に相同な *Bmal 1* が視交叉上核で日周変動し，*mClock* はほぼ一定の発現を示している．このような，ハエとマウスで相同な遺伝子が違う挙動を示し，別の役割を担っている理由はまだ明らかにされていない．さらに，これらの遺伝子には発現位相にもショウジョウバエと哺乳類とで著しい違いがある．ハエでは PER は夜間に，dCLK は昼多くなるが，哺乳類では逆に PER は昼増加し，BMAL 1 は夜増加する．なぜ発現位相にこのような違いがあるのか，その理由もわかっていない．

スポットライト 15

遺伝子の名前とタンパク質の名前

遺伝子の名前は基本的に最初の発見者が付けてよいことになっている．一般的にはその発現形質をよく表現する名前が付けられる．ショウジョウバエの遺伝子名は劣性の場合にはすべて小文字で，優性の場合には最初の 1 文字が大文字でイタリックで書かれるのが普通である．一方，哺乳類や他の脊椎動物で，ショウジョウバエと相同な遺伝子が見つかった場合には，おそらくハエと区別するためにと思われるが，通常最初の 1 文字を大文字で書く場合が多い．ただし，この場合には，その生物の名前の頭文字（例えばマウスであれば *m*，ラットであれば *r*）を小文字でつける約束になっている．哺乳類で先に発見されたものと相同な遺伝子がショウジョウバエで発見された場合には，最初に *d* をつけるが，遺伝子名の最初の 1 文字は大文字となる．例えば，*dClock* がそうである．これらの遺伝子から作られるタンパク質は，遺伝子名を大文字で書く．本書では，一部の例外を除いてこの原則に従って記載している．

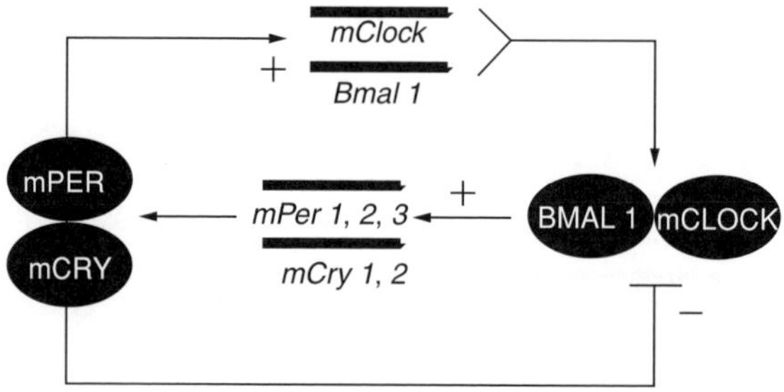

図10・14 マウスにおける時計遺伝子のフィードバックループ

10・6・2 フィードバックループ

ハエで明らかにされたような，遺伝子の産物が他の遺伝子の助けを借りながら，結果としては自分の遺伝子発現を抑制する**負のフィードバックループ**が生物時計の分子機構の基本であることは，哺乳類でも同じである．*mPer 1*，あるいは *mPer 2* が転写され，そのmRNAが細胞質に出て，タンパク質に翻訳され，それが何かのきっかけで核内に移動して，自分の遺伝子の転写を抑制する（図10・14）．核内にmPERを移動させるはたらきはハエの場合はTIMの役割であるが，マウスではmCRYやmPER 3が行っているらしい（Morse と Sassone-Corsi，2002；Reppert と Weaver，2002）．転写の抑制は，*mPer* の転写を促進するように働いているBMAL 1とmCLOCKの活性を阻害するという間接的な方法が取られている．一方，mPER 2タンパク質は *Bmal 1* 遺伝子の転写を活性化するので，BMAL 1とmCLOCKのはたらきを強めるようにはたらく．この2つのループが互いに約12時間ずれて回っているので，mPERとmCRYが約24時間周期で振動するようになる．これが視交叉上核の細胞の中でリズムがつくりだされる基本機構である．

10・6・3 24時間周期

哺乳類の場合，*mCry* と *mPer*，それに *mClock* と *Bmal 1* の遺伝子発現

とタンパク質の制御機構が重なり合ったループによって，概日リズムがつくられていることは説明した．しかし，このループでは周期の長さは5分でも1時間でも1カ月でも成り立つ話のように思える．遺伝子の発現がその産物であるタンパク質を介して再びその遺伝子の発現を抑えるというメカニズムは，振動を引き起こすことは説明しても，周期の長さが実際の概日リズムのように約24時間で安定化されていることは説明していない．これはまだ残された生物時計の基本的な問題である．

周期が約24時間であることにかかわり合っていると予想されているのは，*mPer* か *mCry* の産物タンパクが**リン酸化**される過程である．タンパク質がその機能を変える一つの方法は，タンパク質にリン酸基とかメチル基が側枝として付加されることである．これはハエやカビで明らかにされている機構からの類推である．実際，マウスでもタンパク質をリン酸化する酵素の一つである**カゼインキナーゼI**（Casein Kinase I）が異常になると，リズムの周期が著しく変化してしまうことがわかっている．この結果から，時計遺伝子によってつくられるタンパク質のいくつかがリン酸化されることで，その安定性が変化し，普通ならばつくられたタンパク質がすぐに壊れてしまって，先にあげたようなループは途中でとぎれてしまうのに対して，リン酸化，あるいは脱リン酸化がある一定のレベルに達するとループがつながり，次のプロセスに進んでいくようなことが想像されている．しかしながら，時計遺伝子によってつくられるタンパク質のリン酸化が，視交叉上核の細胞で，この仮説に対応するように行われていることを示す直接の証拠はまだ得られていない．

10・6・4　視交叉上核にみられる時計遺伝子の光に対する応答

環境に光がつくと，それを視交叉上核に伝えるために数十分から1，2時間の間に発現する遺伝子がある．これらは，生物時計の分子機構がどうして環境に同調しているのかを考えるときに重要である．視交叉上核では，網膜細胞から送られてくる光情報に対応して，遺伝子の分子機構が光に応答する

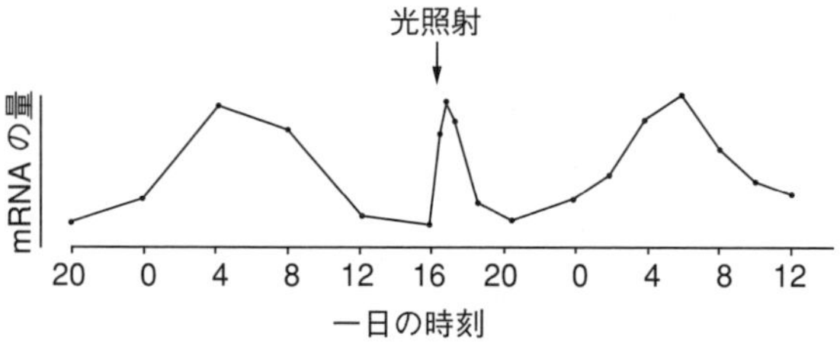

図 10・15　夜間の光による視交叉上核の *mPer 1* メッセンジャー RNA 量の増加

が，それは遺伝子発現が逆位相で生ずるショウジョウバエとはまったく異なることが知られている．それが，*mPer 1*，*mPer 2* の mRNA の発現である．動物が光にさらされると，30 分から 45 分のうちに視交叉上核の *mPer 1* と *mPer 2* の mRNA レベルが大きく増加する（**図 10・15**）．この反応は視交叉上核の腹外側部分で顕著にみられることから，**網膜視床下部路**によって光の信号が伝えられたものと考えられる．マウスの視交叉上核では 7 つの時計遺伝子のうち，光に強く反応するものはこれ以外には見つかっていない．

網膜で受容された光が視交叉上核の細胞の *mPer 1* と *mPer 2* 遺伝子の mRNA レベルを高める情報伝達経路についても，一部は明らかにされている．まず，網膜では神経節細胞の一部にある**メラノプシン**という色素が直接環境の照度を感知して，その情報が網膜視床下部路を伝わり，その末端から，**グルタミン酸**が視交叉上核の腹外側で放出される．そうすると，視交叉上核腹外側の細胞ではまず，グルタミン酸の受容体から信号が細胞内に伝えられ，それにひき続く一連の反応が起こる．それにはカルシウムイオンの流入による細胞内信号伝達機構がはたらき，多くのリン酸化酵素，たとえば MAPK やチロシンリン酸化酵素が活性化され，CREB（cAMP response element binding protein）がリン酸化され，さらに *c-fos* などの多くの初期発現遺伝子が発現する．その最後に *mPer 1*，*mPer 2* の遺伝子発現が誘導され，タンパク質が合成される．これによって，*mPer* や *mCry* のリズムの位相が変化することになる（Shigeyoshi，1997）．ただ，*c-fos* などの遺伝子が発現するとその後のリズムの位相が変わってしまうのはなぜか，夜の光についてのみ反応し昼の光には反応しないようになっている機構は何か，さらに，夜の前半の光では位相が後退し，後半の光では前進するのはどうしてか，等の問題はまだ説明されていない．

10・6・5　視交叉上核での分子レベルの時計の出力

mCry や *mPer* の mRNA レベルやタンパク質量が概日リズムを示すと，視交叉上核の細胞のインパルス数が概日リズムを示し，分泌されるペプチドなどにもリズムがみられるのはなぜだろうか．これにもおそらくかなり複雑な分子・細胞機構が絡んでいることが予想されていて，今のところわかっていることは少ない．生物時計の遺伝子機構に最も近いところで，制御されている出力は**バソプレッシン**のレベルである．このペプチドの遺伝子発現を制御している遺伝子の上流域に **E ボックス**がある．ここには *mPer* の遺伝子発現にリズムをもたらしているのと同じメカニズムで，mCLOCK と BMAL 1 の二量体が結合し，それによって転写の活性が調節されている．その活性は昼間高く夜は低くなる．だから，バソプレッシンの mRNA 量とタンパク質は昼間高く，夜は低くなっている．

最近**マイクロアレイ**を使って，周期的に発現する遺伝子の網羅的探索が行われるようになった．この方法では，既知の遺伝子数千～1 万個に対応した DNA プローブがスライドグラス上に並べてあり，特定の組織でのそれらの mRNA の量的発現を一挙に解析することが可能である．この方法による解析の結果，視交叉上核では少なくとも数百個の遺伝子が周期的に発現していることが明らかにされた．時計の分子機構そのものに直接駆動されている遺伝子はむしろ少数で，多くは遺伝子発現の連鎖によって間接的にリズムを刻んでいるものと思われている（Panda ら，2002）．

10・6・6　末梢の時計

少なくとも哺乳動物では，視交叉上核以外に個体のリズムを統御する生物時計はなさそうである．しかし，生物時計を構成すると考えられている分子は多くの器官で発現している．すなわち，先にあげた *mCry* や *mPer*，*mClock* や *Bmal 1* は，視交叉上核以外の脳の場所はもとより，肝臓や心臓，肺，筋肉組織でも発現している．しかも，これらの遺伝子やタンパク質は日周変動している．ただし，生体の中では視交叉上核からリズムが発振されているので，どの器官も組織も概日リズムを示すことは不思議なことではない．**末梢のリズム**の位相は視交叉上核のリズムの位相と比べると遅れていたり，昼と夜の関係が反対になっていたりすることもある．さらに，視交叉上核を破壊した動物ではこれらの末梢のリズムも消失する．したがって基本的には，末梢にある時計遺伝子は完全な生物時計を構成しているというわけではない．その役割についてもまだ解明されていない．

10・7　共通の分子機構：進化の観点から

分子，遺伝子機構が明らかになるにつれて，生物が進化の過程でつくりだした概日リズムの機構が，共通のところもあり，違うところもあることが明らかになってきた．すべての生物を通して概日リズムの基礎過程は遺伝子発現のレベルにあること，その基本的な枠組みはショウジョウバエでもマウスでも**負のフィードバック機構**であること，これらの点は生物進化の過程で変えられていないらしい．関与している遺伝子の特徴の一つが PAS 領域をもつタンパク質をコードしていることも多くの生物に共通している．しかしながら，違うところも見つかってきた．たとえば，相同な遺伝子でも発現する時間が昼であったり，夜になったりしているし，遺伝子の役割は生物によって大きく異なっている．たとえば *mCry* は，哺乳類以外では概日リズムの中枢に光信号を伝えるための光受容分子であるが，哺乳類では生物時計の負のフィードバックループで核内移行の時刻を決めるはたらきをしている．これは，進化の過程で生物時計という生物にきわめて基本的と思われる機能を担っている分子機構を少しずつ修正してきたことを意味している．

スポットライト 16

転写制御因子と PAS 領域

これまで見つかっている時計遺伝子の多くは転写制御因子をコードしている．転写制御因子の多くは，DNA 上の調節領域に特異的に結合して転写を制御するタンパク質で，分子内にジンクフィンガー，ロイシンジッパー，もしくはベーシック・ヘリックス・ループ・ヘリックス（bHLH）などの DNA 結合モチーフをもっている場合が多い．CLOCK や BMAL 1 は分子内に bHLH をもつ．一方，PER はこの配列をもたないが，分子内の PAS 領域を介して TIM や CLK，CYC に働き，間接的に転写を制御する．PAS 領域は，PER，ダイオキシン受容体と相互作用して核内に運ぶ因子 Arnt，そしてショウジョウバエ初期胚中枢神経系の正中線細胞の分化に重要な役割を果たす転写制御因子 *single minded*（*sim*）が共通にコードする 250〜300 個のアミノ酸からなる分子内領域で，分子間相互作用に関与する．これら 3 つの因子の頭文字をとって，PAS 領域と名づけられた．この領域は種を越えてよく保存されているので，時計遺伝子のクローニングにしばしば用いられ，ヒトやラットの *Per* のクローニングにもこの配列が使われた．

第 IV 部

時間生物学と生物, ヒトの暮らし

諸君は昼食とディナーの間にしばらく眠らなくては
ならない．それも中途半端ではいけない．衣服を脱
いでベッドに入るんだ．私はいつもそうしている．
ウインストン・チャーチル

J. キャンベル『チャーチルの昼寝』（中島 健 訳）より

第11章
周期性の適応的意義

これまでの章で，生物の周期性とその背後にある生物時計のしくみについて解説してきた．あるしくみが進化してくるためには，必ず何らかの**適応的意義**（adaptive significance）があるはずである．そのために，そのしくみの遺伝子をもった個体がそうでない個体よりも多くの子孫を残すことによって，進化の過程でその遺伝子が残ってきたのである．生物のもつ周期性にはどのような適応的な意義があるのであろうか．これまでの章でも随所で説明してきたが，本章ではそれをまとめて考察する．

11・1　環境の周期的変動への適応

11・1・1　日周期性への適応

地球上に生息する生物は，わずかの例外を除いて必ず環境の変動にさらされている．この変動にうまく対応することができなければ，生物は生きのびて子孫を残すことができない．地球上の環境の変動には，不規則でまったく予測できないものもあるが，多くのものは一定の周期で起こっている．そして，この環境の周期的変動の位相によって，生物のさまざまな活動に適していたり，適していなかったりする．活動に適していない時期に活動しないようにする，あるいは活動に適した限られた時期に活動を集中させるために，生物自身のもつ周期性が重要な役割を果たしている．生物のさまざまな活動を，環境の周期的変動における特定の位相に合わせることが，生物時計の代表的な適応的意義である．

環境の周期的変動の最も明瞭な例は，地球の自転に伴う毎日の昼と夜のくり返しである．洞窟などにすむ一部のものを除いて，生物はこの変動にさらされている．そして，この変動に対応するため，ほとんどすべての生物は概日時計をもっており，それによって，実際に明るくなる前にやがて朝が訪れることを知る，あるいは実際に暗くなる前にやがて夜が訪れることを予知することができる．すなわち，概日時計のおかげで，生物は**昼行性**，**夜行性**などそれぞれの生物に適切な時間帯に活動することができる．

地球上に生物が誕生した時期の大気は，二酸化炭素が多く酸素はほとんどなかった．そのため，現在の成層圏にみられ，紫外線を吸収しているオゾン層が発達しておらず，現在よりはるかに多くの紫外線が地球表面に達していたであろう（中根，2000）．紫外線はDNAに損傷を与えるため，生物にとって有害である．したがって，初期の生物は紫外線を吸収する水の中でしか生命を維持できなかったであろうし，その中でも紫外線の強い昼間は水中深いところにいたに違いない．やがて，光合成を行うシアノバクテリアの出現によって酸素が放出され，オゾン層が形成されて紫外線が到達しにくくなり，さまざまな生物が海中に出現した．シアノバクテリアは光合成を行うため，その活動は昼夜の光条件に依存している．シアノバクテリアでは，窒素固定を行う能力が概日リズムを示し，夜間に大気中の窒素分子をアンモニアに還元する．そして，この周期性は恒常条件下でも継続することから，概日時計によって支配されていることが明らかになった（Mitsui ら，1986）．このしくみによって，シアノバクテリアは光合成と窒素固定の時間的分業を行っている．現在のところ，概日時計の存在が示された原核生物はシアノバクテリアのみである．

光合成を行う植物にとっては，光が適応上の重要な要因となる．したがって，多くの植物の光合成能が概日時計の支配を受けている．しかし，光が適応上の重要な要因となるのは，植物だけではない．サンゴやイソギンチャクなど体内に共生藻をもつ多くの動物が，概日時計によって昼間に充分光が当たるようにふるまう．たとえば，体内に**褐虫藻**（zooxanthella）を共生させている八放サンゴ，フトウネタケ（*Lobophytum crassum*）は，昼間に冠部を拡張し，夜間に収縮するが，この周期性は恒明条件下でも継続したので，概日時計によって支配されていると考えられる（野村孝久，未発表）．

生物が陸上に上がる以前の海では，シアノバクテリアに続いて，光合成を行う真核生物の藻類が出現した．これらの光合成によってさらに酸素が放出され，オゾン層が発達して紫外線の害が小さくなって初めて，生物が陸上に進出することができるようになった．陸上に進出した生物にとっては，乾燥に耐えるということは生存にとって必須の条件となるが，充分乾燥に耐えられるしくみを発達させていない初期の陸上生物にとっては，昼間の乾燥は耐えがたいものであったに違いない．したがって，初期の陸上生物の多くは比較的気温が低くて湿度の高い夜間に活動したと考えられる．節足動物の場合について考えてみよう．陸生甲殻類（ワラジムシやダンゴムシ），ヤスデやムカデなどは，比較的水分を通しやすい外皮をしているため体表から水分が失われる．陸生甲殻類は，鰓呼吸を行うために呼吸に伴って失われる水分も多い．一方，昆虫やクモ類（クモ，ダニ，サソリ）は水分を通さないワックスで覆われたクチクラをもっている．そのため，陸生甲殻類やヤスデやムカデなどは基本的に夜行性であるが，昆虫やクモ類には昼行性のものも夜行性のものも存在する（Cloudsley-Thompson，1961）．

11・1・2　年周期性への適応

1日周期の変動に次いで，多くの生物がさらされている環境の変動は，1年周期の季節変化である．世界の気候をみると，寒帯，温帯，乾燥帯では，いずれも季節変化がみられる．熱帯は一年中温暖であるが，その中でも，サバナ気候，熱帯モンスーン気候では，降水量に季節変化がみられる．したがって，一年中温暖で湿潤という安定した条件であるのは，アマゾン，コンゴや東南アジアのごく限られた熱帯雨林気候の地域だけということになる．このように，地球上のほとんどの地域で，温度や湿度などの物理的な環境が変動している．そして，この物理的環境の変動に従って生物的環境も変動する．そこにすむ生物は，この物理的，生物的な季節変動に対応しなければならない．

季節の変動に対応するため，それまでにさらされた温度によって，生物はさまざまな性質を変化させる．すなわち，ある程度の高温にさらされると，より高い温度に耐えられるようになり，逆にある程度の低温にさらされると，より低い温度に耐えられるようになる．このしくみを**温度順化**（temperature acclimation）と呼んでいる．生物は温度順化をうまく使って季節の変動に対応することができる．

しかし，多くの生物は，温度順化だけではなく光周性を使って季節の変動に対応している（8・1節参照）．温度に反応することによっても季節の変動に対応することができるのに，なぜ多くの生物が，季節を知らせる信号として日長を採用しているのだろうか．

日長と気温の変化の違いを考えてみよう．**図11・1**に，大阪における気温と日長の季節変化を示す．まず，地球の自転軸と公転軸が23.4度傾いているため，地球の公転に伴い日長は正弦曲線を描いて規則的に変化する．一方，気温は，長期的にみれば夏に高く冬に低いという決まった変化をするが，天候などのさまざまな不規則な要因がかかわっているため，必ずしも規則的な変化を示さない．また，日長は地球と太陽の位置関係だけで決まるた

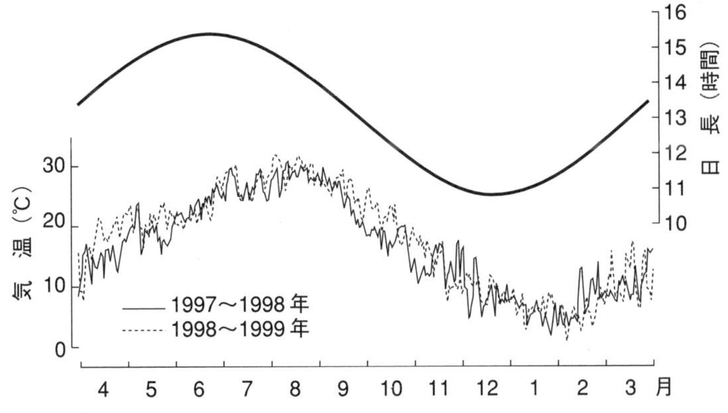

図11・1　大阪における気温と日長の季節変化
日長は日の出から日の入りまでの時間に薄明薄暮の時間として1時間を加えてある．気温は大阪市立大学構内で記録したもの．

め，緯度と日付が決まれば一義的に決まり，年による違いがまったくない．一方，気温は天候や海流の状態，太陽の黒点など，さまざまな要因が複雑にかかわっているため，毎年少しずつ異なる．さらに，日長が最も長くなる（短くなる）時期と，気温が最も高くなる（低くなる）時期との間には「ずれ」がある．日長は，一番暑い7月終りから8月の初めよりも約1カ月半前の夏至（6月21日ごろ）に一番長く，一番寒い1月終りから2月の初めよりも約1カ月半前の冬至（12月22日ごろ）に一番短い．このように，日長の変化の方が，気温の変化に先だってみられる．

このような環境のもとで，生物が冬越しの準備をすると想定する．このとき，季節を示す信号として気温を使うと，日ごとの不規則な変動や年による違いのために，冬越しの準備が早すぎたり遅すぎたりする可能性がある．さらに，日長を信号として使う場合には，その変化がさまざまな物理的，生物的な季節の変動に先だってみられるので，季節の変動が起こる前にそれを予測して準備を行うことができる．このような理由で，多くの生物は，光周性によって季節の変化に対応していると考えられる．

しかし，地中深くもぐって冬眠する動物は，冬眠中に光周期を読みとることができない．また，赤道を越えて渡りをする鳥では，光周性は有効にはたらかない．このような生物は，光周性ではなく，およそ1年の周期性，概年リズムを使って，1年の季節変動に対応している（8・5節参照）．

環境の周期的な変動には，1日周期や1年周期のもののほかに，およそ12.4時間の潮汐周期，およそ14.8日の大潮と小潮の半月周期などがあり，海岸にすむものなど多くの生物は，潮汐リズムや半月周リズムをもつことで，環境周期における特定の位相に活動を合わせている（7・1節および7・2節参照）．

11・2 同種個体間の同期性

吉岡（1994）は，ヒザラガイの配偶子放出の周期性における知見に基づいて，生物のもつ**周期性**（periodicity）と**同期性**（synchronism）を区別し，さらに後者を環境の周期的変動における特定の位相に活動を合わせること（対環境同期性）と，同種個体が環境の同じ位相に活動を合わせることによって互いに同期すること（個体間同期性）とを明確に分けて考えなければならないことを指摘した．

両性生殖を行う生物において，生殖の時期を同期させることには適応的意義がある．あるいは，多くの個体が決まった時間帯に生殖活動を行うとき，別の時間帯に生殖活動を行う個体の適応度は低くなる．交尾を行う体内受精の動物においても，性的に成熟した異性と出会う確率を高めるには，同種他個体と同じ時間帯に交尾行動を行った方がよいことになるが，配偶子を水中に放出して体外受精を行う動物においては，この制約は顕著である．受精を確実に行うためには，できるだけ多くの同種異性が配偶子放出を行う時間帯に配偶子を放出しなければならないからである．

ヒザラガイは，大潮の満潮直前のきわめて限られた時間帯に配偶子放出を行う（7・2・2項参照）．この場合，配偶子放出はヒザラガイが海水に浸かっている満潮前後に行われなければならないのは明白である．したがって，環境の周期的変動への適応として特定の位相に時刻設定しているという側面がある．しかし，なぜ，半月に1回しかない大潮の時期に，集中して配偶子放出を行うのであろうか．吉岡（1994）は，沿岸の潮流や卵捕食者など物理的・生物的環境との関係で，この時間帯が配偶子放出に最も適しているという可能性よりも，同種他個体と同じ時間帯に配偶子放出を行うために，時計機構が最も設定しやすい時間帯を選んだのではないかと推定している．大潮には干満は一番大きく急激に起こるため，水没と干出のサイクルによって同調する時計をもつヒザラガイにとっては，最も確実に時刻設定できる時期である．ヒザラガイでは，朝と夕方に2回ある満潮のうち，朝の満潮に集中して配偶子放出がみられる．吉岡（1994）は，朝と夕方の満潮のどちらかがより適応的なのではなく，たまたま朝か夕方かどちらかを選択する個体が多くなると，その時間帯に配偶子放出を行う方がより確実に受精が行われる結果として，片方の時間帯に集中するように進化したと考えている．

朝の満潮と夕方の満潮の間で，ヒザラガイ配偶子の受精率，さらに受精卵の生存率に差が現れるような物理的・生物的環境の違いがある可能性は否定できない．しかし，これまで生物の周期性の適応的意義を考える際に，環境の周期的変動における特定の位相に活動を合わせることの意味が強調されてきており，同種個体が環境の同じ位相に活動を合わせること自体の重要性を考えることも必要であろう．

11・3 種間関係

11・3・1 時間的すみわけ

環境の周期的変動へ適応するしくみでは，近縁な種では，活動に適したあるいは適していない位相はおおむね共通しており，したがって同じような時期に活動すると考えられる．しかし，同じ時間帯に近縁な種が活動しようとすると，そこに競争が生ずる．その結果，弱い方の種が別の時間帯に活動することによって，**時間的すみわけ**が成立する．イスラエルの死海地域の岩の多い砂漠地帯にすむカイロトゲマウス（*Acomys cahirinus*）とキンイロトゲマウス（*A. russatus*）は同じ場所に生息し，しかもほとんど同じ生活様式である．しかし，カイロトゲマウスは夜行性であるのに対して，キンイロトゲマウスは昼行性である．野外観察によると，夜明けごろにカイロトゲマウスは活動をやめるが，逆にキンイロトゲマウスは活動を始め，5時間くらい活動を続ける．その後休息期をはさんで夕方近くに再び活動を始め，カイロトゲマウスが活動を開始したころには夜間の休息に入る．この時間的すみわけにおいては，カイロトゲマウスが主導的な役割を演じており，カイロトゲマウスを人為的に排除するとキンイロトゲマウスが夜間にも活動するようになる（図11・2；Shkolnick，1971）．一方，キンイロトゲマウスにカイロトゲマウスの糞や尿のにおいを嗅がせると活動位相が5時間ほど早くなることからも，本来夜行性のキンイロトゲマウスがカイロトゲマウスの存在によ

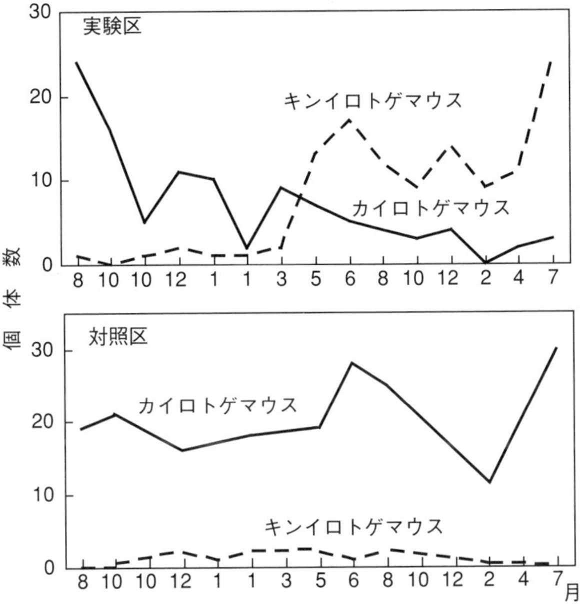

図 11・2　2種のトゲマウスの時間的すみわけ
夜間にトラップにかかった個体数の約2年間の記録．実験区でトラップにかかったカイロトゲマウスを排除すると，夜間トラップにかかるキンイロトゲマウスの数が増加した．Shkolnick（1971）より改変

って昼行性に変化すると考えられる（Haim と Rozenfeld，1991）．この例は，昼行性と夜行性がどのようにして成立したのかという問題についても，一つの答えを与えている．すなわち，同一の空間を共有する場合，強い種が優先的に都合のよい時間帯を占有し，弱い種は残りの時間に活動せざるをえなくなったという可能性である．

キイロショウジョウバエとそれに近縁な15種のハエにおいて，求愛行動が示される時間帯はさまざまである．キイロショウジョウバエとオナジショウジョウバエ（*Drosophila simulans*）は，どちらも世界中に分布しており，きわめて近縁であるが，キイロショウジョウバエは夜明け前のまだ暗い時間帯に求愛行動を示すのに対し，オナジショウジョウバエは明るい時間帯，とくに朝と夕方に活発に求愛行動を示す（Hardeland, 1972）．環境の周期的変動の特定の位相に適応的な意味があるのではなく，同種個体間の同期性に基づいて活動時間が決まっている場合，近縁な種の活動する位相が異なる方が都合がよい．このように，生物時計に基づく時間的すみわけが起こることによって，それなしでは共存できないような多数の種が同所的に生息することができ，生物の多様性が維持されていると考えられる．

11・3・2　捕食者からのエスケープ

このほかに，周期性に影響を及ぼす種間関係として，捕食者との関係が考えられる．一般には，生物は捕食者の活動時間帯を避けて活動するのが適応的と考えられるが，最近それを実際に証明しようとする研究が行われた．DeCoursey ら（2000）は，アメリカ合衆国ヴァージニア州の森の中で捕らえたトウブシマリス（*Tamias striatus*）を南カロライナ大学に運び，外科的な手術を加えた．3グループに分けられたリスのうち，一つのグループで

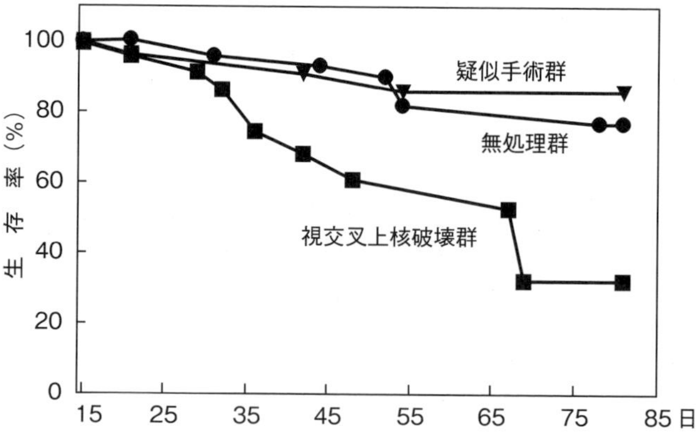

図11・3　トウブシマリス野外個体群における視交叉上核破壊の生存率への影響
生存率は手術後15日目を100%とした相対値で表している．
DeCoursey ら（2000）より改変

概日時計の本体である視交叉上核を破壊した．破壊が成功したかどうかは，実験室内で活動リズムを計測することで確認された．残りは無処理のグループと疑似手術を施した対照群である．これらのリスは再びもとの森に戻され，その後の生息状況が調査された．対照群に比べて視交叉上核を破壊されたリスでは，とくに手術後80日までの死亡率が高かった（図11・3）．この結果は，視交叉上核を破壊されたリスの日周活動が乱れたことから，イタチなどの捕食者に捕らえられた可能性が高いと説明されている．

さらに，捕食者自身の周期的活動とは別に捕食者から**エスケープ**するやり方がある．北アメリカには，何種かの周期ゼミと呼ばれる生活史のきわめて長いセミが生息する．13年周期の生活史をもつものも存在するが，有名なのは17年周期の生活史をもつことからジュウシチネンゼミと呼ばれる *Magicicada septendecim*，*M. cassini*，*M. septendecula* の3種である（p. 5のスポットライト1を参照）．正確に17年周期の生活史をもつということは，理論的には17の年次集団（brood）が存在することになり，これらは互いに交雑しないことになる．実際には現在14の年次集団の存在が知られている．このように長くて，正確な生活史をもっていても，同じ地域にいくつもの年次集団が存在すれば，毎年のようにこのセミが羽化することになる．しかし，実際にはそうではなく，地域によって存在する年次集団が異なっており，ある地域では17年に1回だけ，5月末から6月初めというきわめて限られた期間に，驚くほど大量のジュウシチネンゼミがいっせいに羽化する．

Lloyd と Dybas（1966）は，このような生活史が進化したしくみを以下のように説明した（図11・4）．ジュウシチネンゼミが羽化するときにはきわめてたくさんの成虫が同時に地上に現れる．その数があまりにも多いので，捕食者はすぐに飽食してしまい，ジュウシチネンゼミの成虫全体のごく一部しか捕食できない．そして，やがてこれらの成虫の産んだ卵からさらに多数の幼虫が孵化するが，このときも捕食者は，そのごく一部しか食べることができず，多くの幼虫は地中に潜って木の根から汁を吸う生活に入る．そ

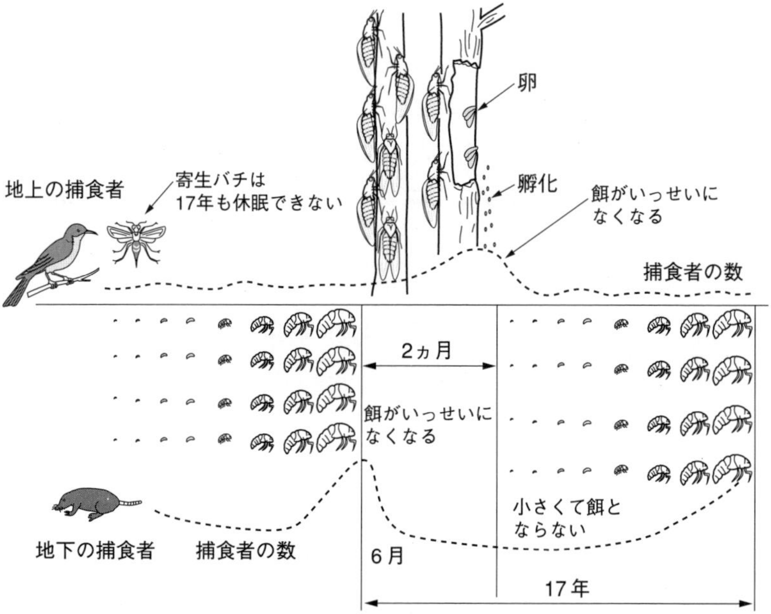

図 11・4 ジュウシチネンゼミの周期性の適応的意義に関する Lloyd と Dybas (1966) の仮説 伊藤 (1982) より改変

して，ある地域の捕食者にとっては，大量のジュウシチネンゼミが存在するのは17年間に数週間だけであり，この餌なしでジュウシチネンゼミの次の羽化まで維持できる個体数は少ないものとなる．地中の捕食者にとっては，これと逆にジュウシチネンゼミが羽化する前には大量の餌が存在することになるが，あるときこれらはすべて地上に去ってしまい直後に極端な餌不足が生じるため，やはりこのセミを捕食することで多くの個体数を維持することは難しい．また，多くの昆虫には寄生蜂が存在し，それによる寄生が死亡要因の多くを占める場合がある．しかし，寄生蜂は17年もの間休眠して待つことはできない．このようなしくみで，ほとんどすべての捕食者からエスケープしたというのが，Lloyd と Dybas (1966) の仮説の骨子である．

ジュウシチネンゼミの3種は，互いに大きさや形，鳴き声が異なっており，互いに交尾することはない，つまり生殖的隔離が成立しているにもかかわらず，同じ地域では必ず同じ年に羽化する．このことも，Lloyd と Dybas（1966）の考えによく適合している．ほかのセミと同じ年に羽化するほどエスケープは完全になる．いったんこのような周期的大発生が成立すれば，少数のセミが別の年に羽化すると捕食者に食べ尽くされてしまうであろう．

スポットライト 17

ヒザラガイにおける配偶子放出の時間的すみわけ

ヒザラガイにとっては，大潮の満潮直前の限られた時間帯に配偶子放出を行うことに意味がある．もしも，朝と夕方の満潮のどちらかがより適応的ということでないのならば，どちらの満潮に集中して配偶子放出を行う種がいてもよいはずである．体外受精する動物の配偶子放出の場合は，むしろ種間で受精が起こらないためには，配偶子放出の位相が異なっている方が都合がよい．Yoshioka（1995）は，リュウキュウヒザラガイ（*Acanthopleura loochooana*），オニヒザラガイ（*A. gemmata*），キクノハナヒザラガイ（*A. tenuispinosa*）という近縁な3種が同所的に生息する沖縄県瀬底島において，これら3種の配偶子放出時刻を調べた．その結果，リュウキュウヒザラガイは大潮から数日後の朝の満潮に配偶子を放出した．オニヒザラガイとキクノハナヒザラガイはいずれも大潮より後の夕方の満潮に配偶子を放出したが，オニヒザラガイの方がキクノハナヒザラガイよりも3日ほど早いため，3種はいずれも互いに重なり合わない時間帯に配偶子を放出することが明らかになった．また，これら3種の卵・精子を互いにかけ合わせた結果，受精はみられたものの正常には発生せずに発生途中で死亡した．もしも，これら3種のうちの2種が同じ時間帯に配偶子放出を行うなら，正常に発生しない種間受精がみられ，適応度が低くなる．これら3種は，互いに異なる時間帯に配偶子放出を行うように生物時計のしくみを進化させてきたと考えられる．

第12章
ヒトの生活への応用

ヒトも生物であり，時間生物学が示す基本的特性をもっていると考えられ，動物で明らかにされた概日時計の知識はヒトのリズムを理解するうえでも大きく役立っている．ただし，ヒトは大脳皮質の発達によって，意志の力で，概日時計の制御にかかわらず行動することができるので，普通は眠るべき夜に起き，活動すべき昼間にも睡眠することができる．その意味で，ヒトは特殊な動物である．産業革命以降にもたらされた文明による現代人の生活リズムの変化は，ヒトの概日時計にとっても著しい影響をもたらしている．ヒトの概日リズムを解明し，生活リズムの生物学的なあり方を理解することは，未来の人類のためになすべき時間生物学の使命の一つである．

12・1　ヒトのリズム

12・1・1　ヒトの本来の周期

ヒトのリズムの周期は，一般に24時間より長いといわれている．実際，ドイツで行われた，2000人以上の被験者を対象とし，時間の手がかりがまったくない厳密に制御された環境条件下で行われた実験では，大半の人が24時間よりも長いリズムを示し，その平均は約25時間であった．これより1時間長い人も短い人も少なく，とくに，24時間よりも短かったのはわずか2人しかいなかったと報告されている（Wever，1979）．ただし，これは被験者が就寝するときに自分で照明を消し，起床すると照明をつけることが許された条件下での結果である．もし，照明条件を昼も夜も一定にした動物実験と同じ条件でヒトのリズムを測ると，周期は24時間にたいへん近い値になることが知られている（Czeisler ら，1999；Wright Jr. ら，2001）．

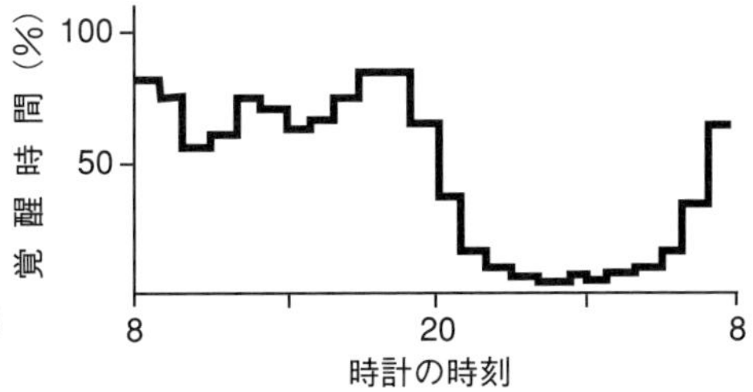

図 12・1 生後 6 カ月のヒト乳児の睡眠—覚醒リズム

12・1・2 睡眠—覚醒リズム

どんな生物にとっても，最も顕著な行動リズムは活動と休息のリズムである．ヒトの場合はそれが覚醒と睡眠の交代のリズムとして現れる（図 12・1）．**睡眠—覚醒リズム**は，視交叉上核に支配された内因性のリズムである（Buysse ら，2001）．その証拠に，環境がまったく変化しない深い洞窟でも，窓のない実験室でも，あるいは宇宙を飛ぶスペースシャトルの中でも，約 24 時間の睡眠—覚醒リズムが維持される．短時間の睡眠を何度もくり返すほかの動物と違って，ヒトは睡眠を夜にまとめてとり，昼はほとんど覚醒して過ごすので，その結果ひき起こされる生理的な変化は，ほかの動物よりも顕著である．

睡眠の時間的な構造を決めているのは，2 つの相反する生理的な因子である．一つは覚醒中の疲れや生体機能の低下を回復しようとする働きで，これを**ホメオスタティック因子**と呼ぶ．これは，長時間起きて活動すればそれだけ疲れが溜まり，それを回復するためにより長い睡眠をとらせようとする因子である．しかし，ホメオスタティック因子だけでは，普段より長く活動した後は長く睡眠し，それがさらに長い覚醒をひき起こし，結局リズムは際限なく崩れてゆくことになる．睡眠—覚醒のリズムが外界の環境とずれないようにはたらいているのが**概日因子**である．Daan ら（1984）は，この 2 つの因子を取り入れた **2 プロセスモデル**と呼ばれる数学モデルを提案した（図 12・2）．このモデルでは，ホメオスタティック因子は覚醒時の疲労の蓄積（図中の実線）に対応する．睡眠物質が脳のどこかに溜まっていくと考えて

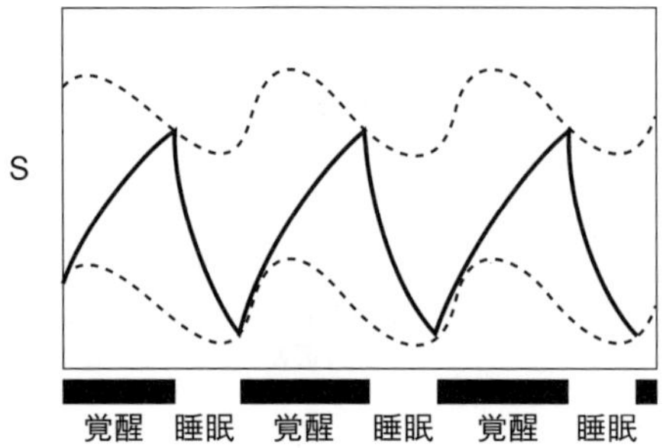

図12•2　睡眠リズムの2プロセスモデル
Sは例えば睡眠物質の量を表す.

もよい．この疲労の蓄積が上の閾値（図中上の破線）に達すると睡眠が始まる．ただし，睡眠が始まる閾値は視交叉上核のはたらきで日周変動しており，同じ疲労度でも昼間は閾値が高く睡眠に入らないが，夜には閾値が下がってくるので容易に睡眠が生ずると説明されている．一方，睡眠が始まると睡眠の必要は次第に弱くなってゆき，下の閾値（図中下の破線）に達すると覚醒する．このように考えると，少数のパラメーターを変えるだけで，動物からヒトまでの睡眠の時間的な構造を説明することができる（ボルベイ，1985）．

12・1・3　食事のリズム

摂食は動物にとって最も大切な行動の一つである．摂食行動には血中の消化酵素や代謝にかかわる多くの酵素が関与している．これらが日周変動することで，動物は摂食リズムを示す．ヒトの場合も例外ではない．ヒトはどの文明においても，おおよそ1日に3回食事をとる．その基本には視交叉上核の概日時計機構の性質がかかわっていることが示唆されている．

12・1・4　内分泌リズム

ホルモンの血中レベルもヒトでは著しい日周変動を示すものがある．それらの中には概日時計に直接支配されているものがある．副腎皮質ホルモンの一種である**コルチコステロン**はその代表的なホルモンである．コルチコステ

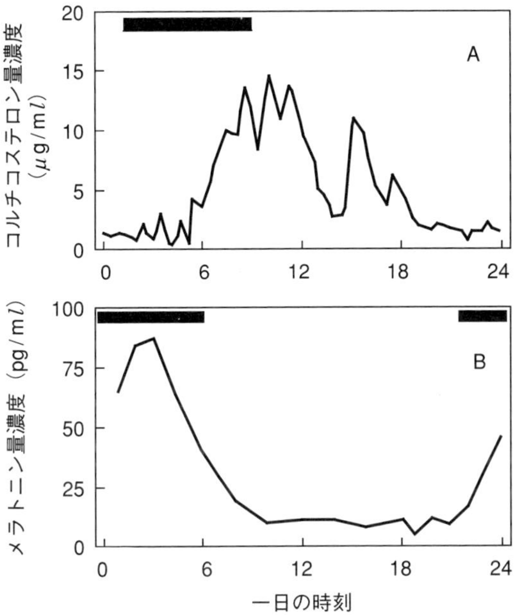

図 12・3　ヒトのコルチコステロン（A）とメラトニン（B）のリズム　黒棒は暗期．A は Weitzman ら（1979）より，B は Mishima（1994）より改変

ロンは，いわば細胞の力をひき出すためのホルモンで，活動期には減少し，休息期には増加するリズムを示す．昼行性のヒトでは，夜明け前後に血中濃度が最大となり（図 12・3 A），夜行性のラットでは消灯時刻前後に最大となる．このほかにも，代謝に関係するホルモンの多くが，コルチコステロンと同様に概日リズムを示す．成長ホルモンは深睡眠に同期して血中に分泌される．通常，深睡眠は入眠から数時間のうちに起こることが知られているので，ヒトは夜間に成長することになる．

松果体から分泌される**メラトニン**は，血中濃度の昼夜差が最も大きな生体分子の一つである．メラトニンは昼はほとんど分泌されず，夜には昼の１千倍にも達する（図 12・3 B）．このような特徴から，メラトニンはヒトの体内リズムの指標として，リズムの診断に用いられている．

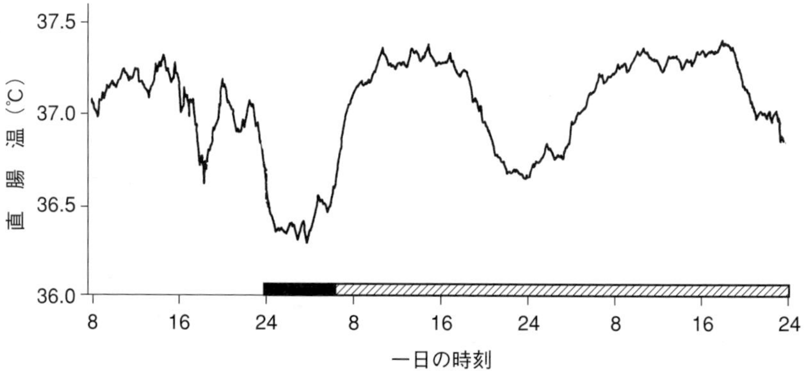

図12・4　コンスタントルーチン法により示されるヒト体温リズム
黒のバーは睡眠を，斜線部はコンスタントルーチンを行っている時期を示す．Czeisler ら（1986）より改変

12・1・5　体温リズム

体温も概日リズムを示すヒトの体内リズムの代表例である．ヒトは昼間活動して，夜間は休息する．したがって，活動に伴う筋肉からの発熱で体温が昼間上昇し，夜は低下するのは当然のように思われるだろう．しかし，筋肉活動を一定に保ってもなお，**体温**は日周変動することが，**コンスタントルーチン**と呼ばれる実験方法で明らかにされている（図12・4；Czeisler ら，1986）．この方法では，被験者はベッドに横たわったまま，1時間ごとに少量の食事をとった後，短時間の睡眠をとり，活動する．このように，一日のうちのどの時刻でも同じ行動をするようにしておいてから，体温やホルモンのリズムを調べるのである．この方法によって初めて，睡眠や運動によって隠されていた，ヒトが本来もっている概日リズムが観察されるようになる．体温は内因性の機構によって，昼上昇し，夜は下降することが示されている．

12・1・6　血圧のリズム

血圧もまた日周変動を示す（大塚，1996）．昼間活動している間は，平均で120～130 mmHgを維持している最高血圧は，夕方から下降し始め，夜10時を過ぎると急速に低下し，深夜2時から4時の間に110 mmHg前後になり，最低を記録する．その後は少しずつ上昇し，起床と共にさらに上昇し，9時ごろに昼間の値に達するのが，平均的日本人の血圧の日周変動である．このパターンは個人によっても，社会や文化によっても少しずつ異なっており，内因性の時計だけで制御されるリズムではない．しかし，この日周変動が概日時計とかかわっているのは疑いのないことで，今後，臨床応用を進めるためには，概日時計に制御される部分と，環境や生活習慣に依存した部分とを見分けることが必要であろう．

12・2　リズム異常と病気

最近，リズムの機構の異常が原因で起こる病気が知られるようになった(大川，2000)．**非24時間症候群**と呼ばれる病気では，生活の周期を24時間に合わせることができず，毎日の規則正しい生活ができなくなる．ある時期

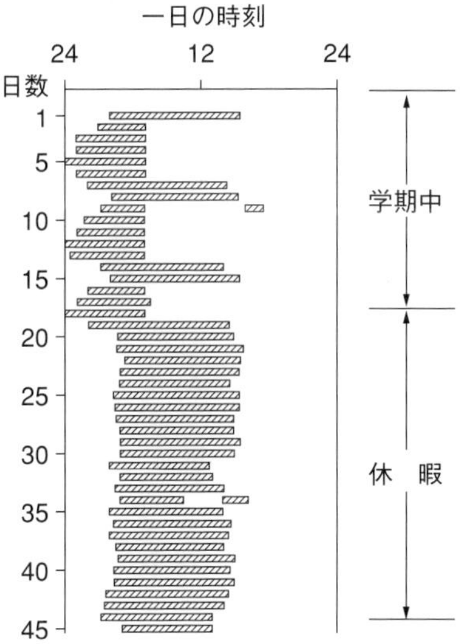

図12・5　睡眠位相後退症候群の患者の睡眠—覚醒記録
斜線部は睡眠を示す．
Czeislerら（1986）より改変

は昼間に仕事をすることができるが，次第にその活動時間帯が後退してゆき，昼間起きられなくなってしまう．このようなことから，社会生活ができなくなり，学校を休んだり，会社を辞めざるをえなくなる場合もある．**睡眠位相後退症候群**は，朝方にならないと寝付かれず，目覚めるのは午後や夕方になってしまう病気である．図12・5に示した例では，学期中は比較的早く就寝し，朝定時に目覚めているが，休暇中は入眠が未明となり，起床も午後になっている（Czeisler ら，1986）．以前は，これらの症状は怠け者の怠惰な習慣から起こると見なされていたが，最近の研究により，概日時計の明暗を感じる感度が低下し，環境サイクルに同調できないことによって生ずるものが含まれていることが明らかにされている．また，最近発見された時計遺伝子の異常について解析した結果から，遺伝的にこれらのリズム異常を生じやすい体質があることも明らかにされている．

12・2・1 躁鬱病

躁鬱病は近年増加している病気であり，その背後には概日時計の関与が示唆されている（Wehr，2001）．人は誰でも気分が晴れやかに過ごせるときもあれば，憂鬱や心配に悩むときもある．躁鬱病はそのような感情が極端に現れたり，長期間にわたって持続する病気である．躁鬱病は感情，気分の異常が基本的な症状であることから，感情障害とも呼ばれる．この病気の特徴の一つは，症状の発現にリズムがあることである．いつも午前中に気分が沈み朝早く覚醒するといった日周変動や，躁と鬱の症状が交互に現れること，また発症に季節変動があることなどが知られている．これらのことから，躁鬱病の原因として概日リズムの異常が疑われるようになった．実際，躁鬱病の発症に伴って，多くの体内リズムの異常がみられるようになる．体温リズム，睡眠—覚醒リズム，内分泌のリズムなどが，躁鬱病の発症に伴い，不安定になり，振幅が減少することが明らかになってきた．これらの観察から，躁鬱病は生体内の複数のリズムが脱同調したり，環境サイクルと脱同調するために起こるのではないかと考えられている．実際，1日の断眠，周期的な高照度光の照射などにより，体温変化と入眠時間の位相関係を矯正するだけで治療効果がある場合もある．躁鬱病の原因が体内リズムの異常なのか，それとも体内リズムの異常が躁鬱病に伴って現れる症状なのかは今後の研究を待たねばならない．しかし，この躁鬱病の例は，規則正しい生活をすることが，健康な感情や気分を維持するために重要であることを示している．

12・2・2　不眠

不眠は現代社会にはびこる病気である．不眠ではヒトは死なないが，不眠は多くの人を悩ませ，それによる社会全体の経済的な損失も計り知れない．日本人を対象にした調査では，不眠に悩む人は5人に1人の割合に達する．これは，ほかの病気と比べても非常に高率である．すべてではないが，不眠の多くは体内リズムの異常や変調に端を発している．さらに，その多くは不規則な生活や，行動のための身体の生理的状態が準備されていない時間帯に活動することに起因する，いわゆる生活習慣病である．

12・2・3　時差ぼけ

健康な人が概日時計の存在を最も強く意識するのは，時差のある海外に旅行するときである．視交叉上核にあるヒトの概日時計は，1日に2時間程度しか位相を変化させることができない．したがって，アメリカやヨーロッパに旅行するときのように10時間もの時差があると，すぐには適応することができない．そのため図12・6に示す例のように，旅行先で昼間は眠いのに，夜には睡眠中に頻繁に目覚め熟睡できない日が続く．個人差や年齢による差も少なくないが，身体がだるくて，集中できず，疲れやすい日が1週間から半月ほど続く．これが**時差ぼけ**の症状である．時差ぼけの解消に効く薬の開発も活発に行われている．時差ぼけを速やかに解消する方法としては，昼間屋外の強い光を浴びること，食事や運動を現地の活動時間帯に合わせて行うことなどがあり，これらは科学的に一定の効果があるとされている．もし，滞在日数が数日に限られるのであれば，帰国してからの時差ぼけを予防

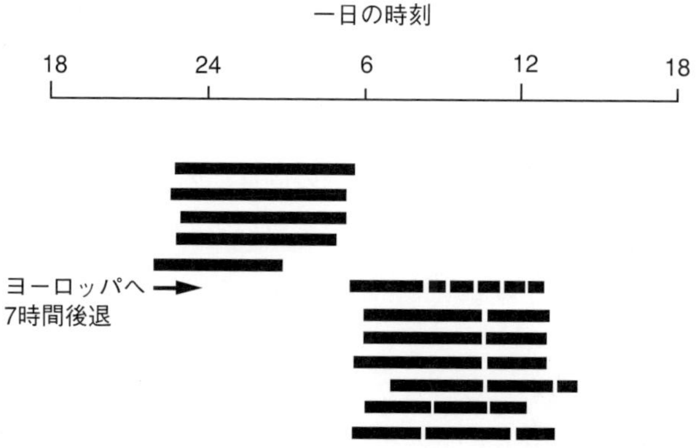

図 12・6　日本からヨーロッパへの旅行によるある男性の時差ぼけの例
黒のバーは睡眠を示す．時刻は日本時間で示されている．

するために，むしろ，概日時計の位相を変化させないようにする方が有利な場合もある．いずれにしても，概日時計の存在を意識して，早くから対策を立てておくことが重要である．

12・3　時間生物学の医療への応用

身体の生理的状態は日周変動している．したがって，薬の効き方も一日の時刻に従って変動する．この変化をうまく利用すれば，少量で効果をあげ，副作用の少ない治療を行うことが可能となる（永山，1985）．たとえば，ある時刻には少量で効果を表す薬が，別の時刻では効果どころか副作用しか起こさないことが知られている．とくに，ガンの化学治療薬などにはこのような性質をもつものが多い．動物実験の例では，昼投与すると 80 % のマウスが死亡する薬が，夜与えると死亡率は約 20 % に激減したという報告がある．夜行性のマウスでは夜が活動期で，代謝や解毒作用が高く，毒物が体内に入っても防御系がはたらくからである．

病気の発症にも時刻依存性があることをすでに述べた（大塚，1996）．喘息は夜間から早朝にかけて発作が集中する呼吸器疾患である．心筋梗塞や心不全による突然死は，起床後3時間までの発症頻度が最大であった．脳内出血や脳梗塞も午前10時から12時に多い．これらは，交感神経機能がこの時間に急激に亢進することがかかわっていると考えられている．したがって，こうした突然の発作や事故を防止するためには，危険度が最も高い時刻に最も効果を発するように薬物を投与することが必要である．

12・4　現代社会と時間生物学

現代社会は24時間休みなく躍動している．無休の機械やサービスは急速に増加している．交通機関に従事する人たちは，夜間も飛行機や列車を運行しなければならない．保線作業は列車の運行しない未明のわずかな時間に行わねばならない．発電所や化学工場などは，一度稼動を始めると簡単に停止することはできず，作業員が三交代で運転を続けている．ヒトの注意力は明け方に低下し，事故の生ずる危険率が高まるし（図12・7），生産効率も低

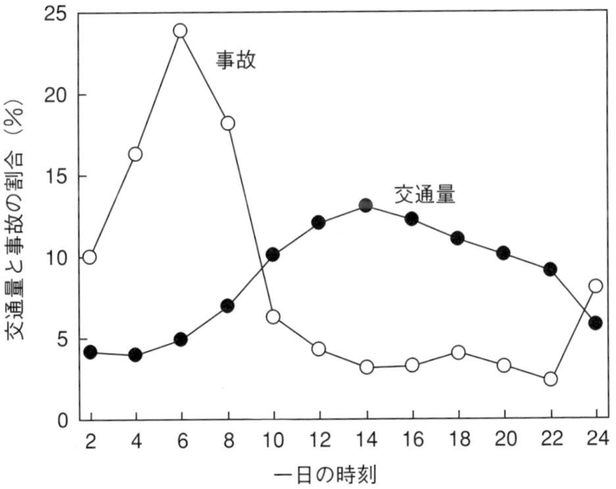

図12・7　高速道路における時間ごとの交通量（●）と事故の件数（○）
交通量が少なくなる明け方に，事故の生ずる割合が増加する．

下し，不良品が発生する原因ともなる．作業員もまた，体調不良や強い精神的ストレスに悩まされることがある．したがって，これらの危険を軽減し，作業効率をあげるために，体内リズムの性質をよく知り，無理のない作業計画を立案する必要がある．ヒトは自由継続周期が24時間よりも長いので，位相を後退して環境に同調する方が前進させるよりも容易である．たとえば，**交代制勤務**や国際線の飛行機の乗務員のような仕事のスケジュールを，常に一定期間に同じ時間だけ後退させるように計画すれば，勤務する人たちの負担が少なく，かつ事故率を減らせるという報告もある．

12・5 より豊かな生活のために

ヒトの脳に概日時計があり，それによって，動物と同様に概日リズムがヒトの生理的状態にもみられることがわかってきた．そのリズムをうまく利用すれば，病気にかかりにくく，精神的にも安定し，自分の能力を無理なく最大限にひき出しうる生活が送れることになる．ところが，現代の文明はそれとは反対の方向に進んでいる面もある．夜になると灯る人工の照明によって夜と昼の違いが少なくなり，夜も昼も活動する社会が進んだ社会であるかのように思われている．時差を気にせず，世界を行き交う人こそが国際化した世界のリーダーであるかのような論調もある．確かにヒトは概日時計の支配から抜け出し，不休の24時間社会を築いてきた．そして，それを進歩と見なしてきた．しかし，ヒトの概日時計はヒトが生物として進化する過程で，何億年もかかってつくりあげてきたものである．それによってヒトはヒトとしての能力を最大限に発揮することができるのであり，もしそれを失ったなら，昼も眠気に襲われ，仕事に集中することもできず，夜も充分な睡眠をとって疲れを回復させることができないであろう．考えてみれば，わずか数世代で，何億年もの進化を背負った概日時計の存在を無視できるようになることはありえまい．だから，宇宙飛行士は宇宙空間においても24時間周期で活動し，休息する．むしろ，概日時計にかなった新しい社会と生活を目指すべきではないか．それは，誰もが夜にはゆっくりと静かに眠ることのできる社会であり，一日のうちで最適な時間に最も効率的にしたいことができる社会ではないだろうか．真に豊かな社会を築くために，時間生物学的にヒトを理解することは不可欠であろう（川崎，1999）．

スポットライト 18

概倍日リズム

時間の手がかりのない条件下で生活しているヒトで，体温と寝起き（活動）のリズムが脱同調することを9・3・4項で述べたが，このような場合にまれに活動リズムの周期が48時間に近い値をとる例が知られている（Wever，1979）．この約48時間の周期性は**概倍日リズム**（circa-bi-dian rhythm）と呼ばれている．このような場合には主観的時間の経過は環境の時間の半分のきわめてゆっくりとしたものになるが，本人はまったく気づかない．ヒトの活動の概倍日リズムには2通りが観察されている．その一つは，活動時間帯と睡眠時間帯のそれぞれが同様に2倍の長さになり，昼寝や中途覚醒を示さない．他の一つは，睡眠時間帯の長さは正常とほとんど変わらないが，活動時間帯が昼寝によって分断される場合である．本人はこの昼寝を短時間と感じているが，実際には通常の夜間の睡眠とほぼ同じくらいの時間を費やしている．Wever（1979）は，このような概倍日リズムは，安定した約24時間の周期を示す体温リズムに対して，寝起きのリズムがちょうど2倍の周期で同調するためであると考えている．

同様な活動の概倍日リズムはカの一種（*Culiseta incidens*）でも報告されている（Clopton，1984）．この蚊では，夜明けに同調して動くM振動体と日暮れに同調するE振動体があり，M振動体は恒常条件下で安定したリズムを示すが，E振動体の周期は不安定で，M振動体に対して2倍の周期で同調するために，約48時間のリズムが生ずると説明されている．

参 考 文 献

（ここには主な文献のみをあげる．詳細な引用文献は，裳華房の下記サイトを参照されたい；http：//www.shokabo.co.jp/author/chrono.htm）

第 I 部　時間生物学と生物の周期性

第 1 章　時間生物学とは：時間軸からみた生命現象

本川達雄（1992）『ゾウの時間ネズミの時間』中公新書．

第 2 章　環境サイクル

山崎 昭・久保良雄（1984）『暦の科学―“時”を読む基礎知識』講談社ブルーバックス．

第 3 章　生物の周期性とその性質

ブラディ，J.（1980）『生物時計』千葉喜彦 訳，朝倉書店．

クラウズリー-トンプソン，J. L.（1981）『生物時計』餌取章男 訳，同文書院．

第 4 章　生物リズムの解析法

日野幹雄（1977）『スペクトル解析』朝倉書店．

富岡憲治（1984）活動リズム記録法の問題点．動物生理，**1**：16-19．

和田孝雄（1997）『生体のゆらぎとリズム』講談社．

第 II 部　さまざまな生物リズム

第 5 章　ウルトラディアンリズム

Lloyd, D. and Rossi, E. L. (eds.) (1992) Ultradian Rhythms in Life Processes. Springer-Verlag, London.

第 6 章　概日リズム

Aschoff, J. (1981) Handbook of Behavioral Neurobiology, Vol. 4 Biological Rhythms. Plenum Press, New York.

千葉喜彦（1996）『からだの中の夜と昼』中公新書．

本間研一・本間さと・広重 力（1989）『生体リズムの研究』北海道大学図書刊行会．

第 7 章　潮汐リズムとインフラディアンリズム

三枝誠行（1988）潮汐環境下における生物のリズム．動物生理，**5**：3-10．

第8章　光周性と概年リズム

Gwinner, E. (1986) Circannual Rhythms. Springer-Verlag, Berlin.

西村知良・沼田英治 (2002) 動物の概年リズム：振動体モデルによる検討. 比較生理生化学, **19**：39-46.

沼田英治 (1997) 光周反応の量的な性質. 比較生理生化学, **14**：317-325.

第III部　生物時計のメカニズム

第9章　生物時計の神経機構

沼田英治 (1999)「光周性の光受容器」『環境昆虫学－行動・生理・化学生態』本田計一・本田 洋・田付貞洋 編, pp. 43-55, 東京大学出版会.

富岡憲治 (1999)「動物の概日時計」『シリーズ・光が拓く生命科学　第1巻　生物の光環境センサー』津田基之 編, pp. 79-92, 共立出版.

第10章　概日時計の分子機構

海老原史樹文・深田吉孝 編(1999)『生物時計の分子生物学』シュプリンガー・フェアラーク東京.

Edmunds, L. N. Jr. (1988) Cellular and Molecular Bases of Biological Clocks. Springer-Verlag, New York.

Stanewsky, R. (2003) Genetic analysis of the circadian system in *Drosophila melanogaster* and mammals. Journal of Neurobiology, **54**：111-147.

第IV部　時間生物学と生物，ヒトの暮らし

第11章　周期性の適応的意義

伊藤嘉昭 (1982) 大発生するセミ―周期ゼミとイワサキクサゼミ①②. インセクタリゥム, **19**：108-113；136-141.

森　主一(1997)『動物の生態』京都大学学術出版会.

沼田英治 (2001)「季節によって決まる昆虫のライフスタイル」『昆虫から学ぶ生きる知恵』第15回「大学と科学」公開シンポジウム組織委員会 編, pp. 56-67, クバプロ.

吉岡英二 (1994) 海産動物の繁殖現象における周期性と同期性について―ヒザラガイ *Acanthopleura japonica* についての知見からの考察. 神戸山手女子短期大学紀要, **37**：33-54.

第12章　ヒトの生活への応用

ボルベイ，A. A.（1985）『眠りの謎』井上昌次郎 訳，どうぶつ社.

広中平祐・井上愼一・金子 務 編（2002）『時間と時―今日を豊かにするために』日本学会事務センター・学会出版センター.

レンベール，A.（1985）『人間と生物リズム』松岡芳隆・松岡慶子 訳，白水社.

Wever, R. A.（1979）The Circadian System of Man. Springer-Verlag, New York.

全　般

Binkley, S.（1990）The Clockwork Sparrow. Prentice-Hall, Englewood Cliffs.

千葉喜彦・高橋清久 編（1991）『時間生物学ハンドブック』朝倉書店.

千葉喜彦・宇尾淳子・大島長造・正木進三（1979）『昆虫時計』培風館.

Dunlap, J. C., Loros, J. J. and DeCoursey, P. J.（2004）Chronobiology：Biological Timekeeping. Sinauer Associates, Sunderland.

佐々木 隆・千葉喜彦 編（1978）『時間生物学』朝倉書店.

ソーンダース，D. S.（1978）『生物リズム学入門』宇尾淳子 訳，理工学社.

Saunders, D. S.（2002）Insect Clocks 3rd ed. Elsevier Science, Amsterdam.（ソーンダース，D. S.（1981）『昆虫時計』正木進三 訳，サイエンス社：第1版の翻訳）

富岡憲治（1996）『時間を知る生物』裳華房.

本書で用いた記号

本書では以下に示した時間生物学の分野で共通に用いられるいくつかの記号を用いた.

記号	説明
D	暗期
L	明期
DD	恒暗条件
LD	明暗サイクル. LD 12：12 のように, LD の後に続く数字は明期 (L) および暗期 (D) の長さ (時間) を示す.
LL	恒明条件
Q_{10}	温度係数. 温度が 10 ℃ 上昇したときの反応速度を上昇前のそれで割った値.
T	環境サイクルの周期
τ	体内時計の周期. 通常は自由継続周期を示す.
ϕ	体内時計の特定の位相
$\Delta\phi$	位相変位量
Ψ	環境サイクルと体内時計との位相角差
α	活動時間の長さ
ρ	休息時間の長さ
CT	概日時刻
ZT	同調因子時刻

事項索引

生 物 名 索 引

ア

イ

ウ

エ

オ

カ

キ

著者略歴

富岡憲治（とみおか けんじ）

岡山大学理学部卒，同大学大学院理学研究科修了，山口大学助手・助教授・教授を経て，現在，岡山大学大学院自然科学研究科教授．理学博士．

沼田英治（ぬまた ひではる）

京都大学理学部卒，同大学大学院理学研究科修了，大阪市立大学助手・講師・助教授・教授を経て，現在，京都大学大学院理学研究科教授．理学博士．

井上愼一（いのうえ しんいち）

慶應義塾大学工学部卒，東京大学大学院理学系研究科修了，三菱化成生命科学研究所主任研究員・プロジェクトリーダーを経て，現在，山口大学理学部教授，時間学研究所前所長．理学博士．

時間生物学の基礎

2003年9月25日	第1版発行
2008年6月10日	第5版発行
2013年2月20日	第5版3刷発行

検印省略

定価はカバーに表示してあります．

著者	富岡憲治	
	沼田英治	
	井上愼一	
発行者	吉野和浩	
発行所	東京都千代田区四番町8番地 電話東京 3262-9166(代) 郵便番号 102-0081	
	株式会社 裳華房	
印刷所	株式会社 真興社	
製本所	株式会社 青木製本所	

増刷表示について
2009年4月より「増刷」表示を『版』から『刷』に変更いたしました．詳しい表示基準は弊社ホームページ
http://www.shokabo.co.jp/
をご覧ください．

社団法人
自然科学書協会会員

ISBN 978-4-7853-5205-9